创新方法名著译丛

基于TRIZ卷积技术的裁剪、小型化和理想化

——精益和高水平创新设计指南

〔俄〕索拉巴·克沃特拉（Saurabh Kwatra）
〔俄〕尤里·萨拉马托夫（Yuri Salamatov） ／著

林 岳 张 凯 朱晓邈 杨传丰 徐继怀／译

Trimming, Miniaturization and Ideality via Convolution Technique of TRIZ

A Guide to Lean and High-level Inventive Design

科学出版社
北京

图字：01-2019-1399

内 容 简 介

TRIZ（发明问题解决理论）通过分析数百万专利，指出技术系统是遵循一定法则向前进化的，共总结出八大进化法则。基于第 1 ~ 6 条进化法则，技术系统在进化过程中，主要有用功能不断提高，质量、维度和能量消耗不断降低。技术系统主要有用功能的提高，导致系统中一个要素增强，系统内开始不均衡发展，破坏了与其他元素的协调，从而产生技术矛盾。

解决技术矛盾的方式有扩展和卷积。技术系统在进化过程中扩展后伴随卷积，不断迭代出现，推动技术系统变得越来越理想化。本书详细探讨卷积的四种类型，详细探讨如何通过卷积实现技术系统的高质量的裁剪和小型化，从而实现高水平的创新设计。

本书适合作为企业工程技术人员、科研院所研究人员以及理工科院校师生的学习、培训教材或自学参考资料。

图书在版编目（CIP）数据

基于TRIZ卷积技术的裁剪、小型化和理想化：精益和高水平创新设计指南 / (俄罗斯) 索拉巴·克沃特拉，(俄罗斯) 尤里·萨拉马托夫著；林岳等译. —北京：科学出版社，2019.9

（创新方法名著译丛）

书名原文：Trimming, Miniaturization and Ideality via Convolution Technique of TRIZ: A Guide to Lean and High-level Inventive Design

ISBN 978-7-03-062294-5

Ⅰ. ①基… Ⅱ. ①索… ②尤… ③林… Ⅲ. ①创造学－应用－产品设计－研究 Ⅳ. ①TB472

中国版本图书馆CIP数据核字(2019)第197214号

责任编辑：张　菊 / 责任校对：樊雅琼
责任印制：吴兆东 / 封面设计：黄华斌

科学出版社 出版
北京东黄城根北街 16 号
邮政编码：100717
http://www.sciencep.com

北京厚诚则铭印刷科技有限公司印刷
科学出版社发行　各地新华书店经销

*

2019年9月第　一　版　开本：720 × 1000　1/16
2025年1月第二次印刷　印张：7 1/2
字数：150 000

定价：98.00元

（如有印装质量问题，我社负责调换）

献给古地亚

序

在印度，TRIZ 一词及该创新方法论在工程和设计领域仍然是一个谜。创造过程通常被认为是靠直觉且不成体系的。而 TRIZ 与这套认知不同，因此不容易被接受。还有一个因素导致其难以广为人知，因为其起源于俄罗斯，俄文技术文献不容易获取，而西方的技术文献，尤其是来自美国和英国的技术文献相对容易获取。来自印度技术领域的少数人了解到了 TRIZ，但是这种科学（如果可以这么说）的实践不是很盛行，主要原因是几乎没有任何从业人员和培训师。

很久以前，当我第一次参加一个 TRIZ 的讲座时，我觉得它是一个非常官僚主义和烦人的寻求解决方案的方法。但后来，我对这套方法进行了更深入的学习后，我意识到它消除了问题解决过程中的不确定性，有助于形成通用的方法和更具参与感的工作方式。TRIZ 揭开了创新流程中的神秘面纱。因此，工程师在使用这种方法时更有信心，也更有把握得到结果。

该书的出版，有望满足对 TRIZ 创新认知的需求。它可以帮助培训者开发 TRIZ 培训课程，且有助于发展更多的从业者，从而以一种积极的方式产生级联效应。印度企业中创建创新团队 / 部门的最新现象 / 趋势，可能会推动 TRIZ 作为创新方法论的应用。该书可以作为这些部门管理人员的便利指南，也可作为学生学习创新流程和技术创新的很好的参考资料。

该书内含丰富的形象直观的插图，使得该书更容易理解。书中的案例很好地解释了 TRIZ 理论，并且非常鼓舞人心，给读者一种 “我之前怎么想不到” 的感觉，这些都使得该书值得信赖。但是，我期望书中包含一些当地案例，我相信在下一版中会看到，因为第一个版本会促进更多人采用这种问题解决方法。

我必须要祝贺该书作者索拉巴 · 克沃特拉（Saurabh Kwatra）和尤里 · 萨拉马托夫（Yuri Salamatov），以及使该书得以出版的出版商印度斯普林格，我相信该书会满足印度以及世界上其他重视技术创新和发明的地方的长期需求。

K. 穆斯希教授

印度孟买，印度理工学院孟买分校，工业设计中心

前　　言

在所有设计项目中，我们经常会遇到瓶颈。传统方法是头脑风暴、试错法、咨询上级，以便推进项目；所有这些技术往往导致折中的解决方案。在 TRIZ 中，这些是发明，但级别较低。与之不同，TRIZ 关注揭示所有领域的矛盾：管理、技术和物理。管理矛盾，在将 TRIZ 应用于社会、政治和经济系统中时会出现。技术矛盾（被称为 TC）和物理矛盾（被称为 PC），是 TRIZ 中工程师、技术人员和科学家特别感兴趣的部分。这有必要举例说明。如果飞机的机翼变宽，升力增大，但是阻力也增大。如果飞机机翼变窄，会导致升力减小，同时阻力也减小。在这种情况下，“机翼宽度”是飞机的物理特性（重要尺寸之一），而升力和阻力是系统属性（实际上是空气动力的作用力）。如果不包含“机翼宽度”，问题可描述为，如果升力提高，阻力也增加；如果升力降低，阻力也减弱。毫无疑问，升力是想要的属性，而阻力是不想要的——减小后者，方能有效改进。我们把这称为技术矛盾（TC）。在 TC 中，一个系统属性的提高不可避免地会导致另一个系统属性的恶化。同样可以单从翼展方面阐述：飞机机翼必须同时拥有大面积和小面积。我们称为 PC，其中一个物理特征比如重量、尺寸、长度或温度必须同时具有“双重”数值。读者肯定好奇，想知道在这个飞机案例中 TRIZ 如何处理。简化的 TRIZ 应用流程步骤如下：激化矛盾，而不是回避矛盾。然后使用 TRIZ 中的工具，如阿奇舒勒矛盾矩阵配合创新原理，解决物理矛盾的分离原理如时间或空间分离，技术系统进化法则，ARIZ 等。技术系统进化法则是 TRIZ 中一个最强大和通用的方法。使用 TRIZ 所要达到的目标是得到一个聪明的，所谓的费解的技术解决方案。技术系统得以瘦身，无用的部分越来越少，有用功能越来越强。这种增强有用效果的同时，有害影响随之减弱或消失的现象，被称之为卷积，它是如此令人钦佩，我们称它为理想化。本书研究这种现象，它会在系统演化图中自然出现；更重要的是懂得方法，将其应用于感兴趣的特定系统，并特别关注系统变量集。这些方法属于“裁剪”—— 一个高度商业化的术语，其是在工厂流程创新设计的业务计划中，在产品制造商和实业企业中占据首要位置的术语。最后，针对飞机升力窘境的解决方案如下。可折叠机翼被发明：出现了基于条件的分离。起飞和着陆期间，低速获得大的升力至关重要，襟翼打开。航行期间，高速很容易提供升力，降低阻力至关重要，襟翼关闭。

我们要向始终心怀诚意的施普林格的阿宁达·博斯（Aninda Bose）和使我们心生出书想法的创新设计研究所的奥列格·克雷夫（Oleg Kraev）表达谢意，还有，要向印度理工学院孟买分校工业设计中心的 K. 穆斯希教授表达谢意，他为本书撰写了如此引人入胜的序。

索拉巴·克沃特拉（Saurabh Kwatra）
尤里·萨拉马托夫（Yuri Salamatov）

目　录

第1章 技术系统进化法则

1.1 工程中法则的存在和地位

TRIZ是“发明问题解决理论”的俄文缩写。TRIZ理论是由伟大的苏联工程师（根里奇·阿奇舒勒）于1946年创立的。对于有些人来说，TRIZ是一种强大的设计方法论，有些人把它作为创意想象的助推器，还有少部分人将它作为克服技术流程僵局的工具。在西方，TRIZ的一个流行绰号是“需求专利”。在搜索、分类、分级和深入研究数百万专利以后，阿奇舒勒得出了一个惊人的结论：技术系统是遵循一些法则向前进化的。如果这些法则被归类定义并且有针对性地应用于创新者感兴趣的特定技术系统（TS）[①]，那么类似的技术系统也会很快进化。这些“技术系统进化法则”（LTSE）构成了TRIZ内容中非常重要的一部分。这些法则如下。

1）系统完备性法则。

2）系统中能量传递法则。

3）协调性法则。

4）从宏观向微观级系统跃迁法则[②]。

5）提高技术系统物－场相互作用程度的法则。

6）向超系统过渡法则。

①技术系统（TS）会很快被给出清晰定义。那时，任何机械装置、机器、过程等都可以被称为技术系统（TS）。技术系统（TS）可以用于表达单个或多个技术系统，即以后多个技术系统也用TS表示，“系统”是技术系统（TS）的缩写。为了简单起见，技术系统（TS）可以用于单数或复数的形式。

② 编辑注：原书详细叙述部分的法则顺序与第1页提到的法则顺序不同。下同。

7）子系统不均衡发展法则。

8）提高技术系统理想度法则。

1.2 第 1 条至第 6 条法则的简洁处理

技术系统进化法则揭示了系统在向前发展过程中，系统内元素和外部环境元素之间的重要、稳定、重复的关系，即以增加有用功能为目标，系统从一个状态会过渡到另一个状态。随着时间的推移，所有技术系统（TS）会从质量和数量上构建其有用功能包，这是个不争和普遍的事实。毕竟，技术系统（TS）存在的唯一目的是为人类提供所需的有用功能。

这些法则是在分析了大量事实，如专利和以往技术研究成果后得以发现的。然而，在工程中，这些法则作为自发的力量，人们永远无法确信所选定的系统会在短时间内发生这种稳定、重大且重要的（而不是偶然的）系统关系。与人类文明的整个创造时代相比，选择其中任何特定时间段来发现存在的法则都显得取样时段很短暂。这就是为什么要通过逐次逼近的方法来认知法则：谨慎选择高水平发明（技术解决方案），在解决过程中揭示技术矛盾的原理，选择原理和物理效应的稳定组合以及技术系统开发的标准步骤。所有调查阶段都容易受到个人方法、估计、缺乏定量标准等主观因素的影响。因此，必须要抑制或消除此类错误。

1.3 主要有用功能，质量、维度和能量消耗，理想化和最终理想解

主要有用功能（main useful function，MUF）。每个技术系统（TS）都以其主要有用功能（MUF）为特征。一个没有主要有用功能（MUF）的技术系统（TS）是不会存在的，因为人类一开始就根本不会创建它。起初，人类有兴趣实现特定的功能。当他发现他有限的能力无法实现这个功能时，他会将期望的目光投向技术领域[①]。然后，他被迫组建了一

①整个人造世界被称为技术领域；相反，自然创造了生物圈。

个新的执行所需功能的技术系统（TS）。人类所需的这个功能转换为技术系统（TS）的主要有用功能（MUF）。如果一个技术系统（TS）可以执行多个功能，主要有用功能（MUF）可以由 $F_n \sum MUF$ 代替。为了表达方便，无论是单数还是复数形式，一律用主要有用功能（MUF）表示。所有技术系统（TS）总是为增加其主要有用功能（MUF）做好了准备。

质量、维度和能量（mass，dimension and energy，MDE）消耗。每个真正的技术系统（TS）都以质量、维度和能量（MDE）消耗为特征。另一个接近的术语是重量、尺寸和能量（WSE）消耗。质量、维度和能量（MDE）消耗与重量、尺寸和能量（WSE）消耗可以替换使用。显而易见的是，质量、维度和能量（MDE）消耗是技术系统（TS）的非期望特征；技术系统（TS）总是（或应该）准备将其减少。

衡量所有技术系统在发展中不断变化的最全面、最深刻的标准是理想化因子或仅称理想化（ideality）。一个技术系统（TS）的理想化 I（S）的定义如下：

$$I(S)=\frac{F_n \sum MUF}{MDE}$$

当需要更高的精度时，质量、维度和能量（MDE）消耗用有害影响（HE）代替。同样，无论是单数和复数形式，我们都用 HE 表示。

HE= MDE + 技术系统（TS）生产成本 + 技术系统（TS）导致的污染 + 其他损失

第 8 条法则，即提高技术系统理想度法则是指所有技术系统（TS）都以提高理想度作为最终目标。它是所有法则中最重要的。其余 7 项法则实际上都是在技术系统（TS）的不同发展阶段实现第 8 条法则的具体形式。敬告读者不要过度解读第 8 条法则的这一含义。这个法则并不是说随着技术系统（TS）的进化，理想度一定会不断上升，它只能说从长远来看技术系统（TS）的 I（S）会增长。技术系统（TS）的 I（S）变化顺序为，略微降低或恒定，之后大幅度增长，之后略微降低或恒定，之后大幅度增长。总之，I（S）是提高了。

在技术系统（TS）或技术系统创新者的思想中 I（S）的上限是什么？无穷大！当 I（S）→∞或足够大的时候，技术系统（TS）的物理状态或结构是什么？答案：理想的最终结果（最终理想解，ideal final result）状态，简称 IFR。

技术系统（TS）力求实现其 IFR 状态。当然，说比做容易得多。技术系统（TS）努力向 IFR 发展时，它会面临技术问题，且大多是发明问题。发明问题依次被缩小为技术矛盾（technical contradiction，TC）。TC 的消除或弱化提供了所需的技术方案。很多时候，我们卡在一个 TC 中；尽管如此，这并不妨碍我们形成和欣赏技术系统（TS）的终极美好，即 IFR。

阐述 IFR 有一种简单和普遍采用的方法——系统在保留有用作用能力的同时，系统内部元素或环境本身消除了有害的（不必要的、多余的）作用。

此处，“本身”是个有魔力的词，即没有人的参与，没有额外能量的流入，没有引入新的子系统，没有超系统的干预。“本身”用在绝对意义上——没有任何东西。实际上，不可能实现这样的结果。多数情况下，IFR 只是指明方向，允许创造者接近最近乎合理的解决方案。接近 IFR 的愿望剔除了所有较低水平的解决方案。对它们采取的是立即切断的方式，而没有枚举的可能性。IFR 和接近 IFR 的变体则会保留。在实现更多期望效果的同时，更高级别的创造性解决方案“支付”更低“成本”达到系统的改进。

医药行业的一个例子说明了接近 IFR 的高水平创新解决方案如何达到更便宜（在成本支付方面）。一个用粉末压制圆形药片的机器如图 1.1 所示。将粉末填满小料斗。每批粉末大约生产 20 ~ 25 片药片。每个竖立的药片，从通道中滚到桌上，然后用盒子包装。

但是最后一个药片由于剩余粉末不足，一般成型后是不完整的。它会开裂、破碎，散落在桌子上，弄得到处都是，乱七八糟。于是工人们需要将这些“劣质品”扔进垃圾箱。避免劣质品到处散落的方法是让机灵的员工在这些破碎药片滚到桌上之前接住它们。我们现在可以构想：

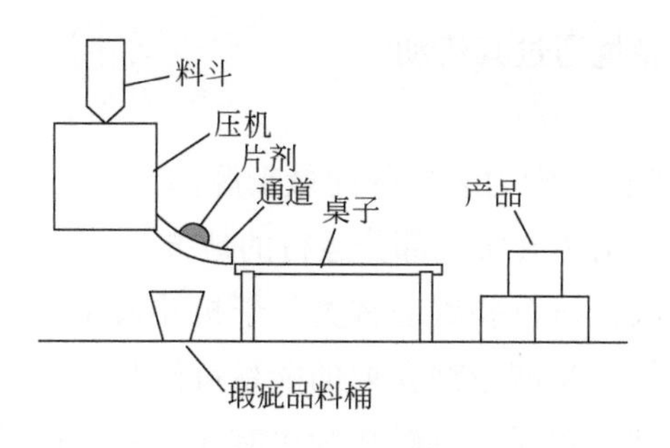

图 1.1　药片分离器

让有瑕疵的药片被“本身”检测到并被丢弃。相应的创造性解决方案是对两桌子或通道进行远离彼此的一个轻微移动。通过小小的豁口就完成这一任务。现在，这个瑕疵品料桶移动到这个重要的豁口之下。瑕疵品自己滑入瑕疵品料桶，而完整的药片以特定的速度滚动会跨过这个豁口并落在桌子上。

1.4　第 1 条法则——系统完备性法则

技术系统（TS）必须完善自己才能执行主要有用功能（MUF）。它应该包含四个部分——执行单元、传动单元、动力单元和控制单元，如图 1.2 所示，这些部分可以通过以下给出的关键特征来确定。

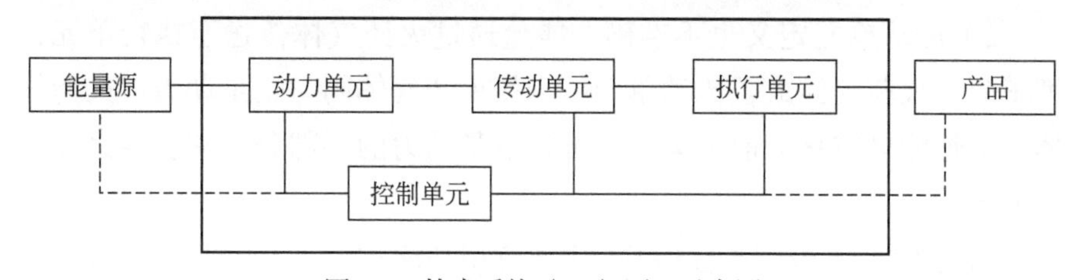

图 1.2　技术系统（TS）原理示意图

产品：它被处理加工，可以是移动、变形、生产、修改、改进、检测、防护、测量等。产品被视为是技术系统（TS）之外的，虽然包含在技术系统（TS）中也不是什么严重的错误。

执行单元：能量输入的地方。

传动单元：能量通过其流动。

动力单元：能量来源。

动力 / 能量来源：动力装置的能量来源。

控制单元：控制系统所有部分运行的地方。

几个重要建议：执行装置通常类似于机器或系统的工具；动力单元从能量源获取能量，从能量源获取的能量可能是无序、无方向性或不可用的形式，通过动力单元将其转化为更有序、有方向性或可用的形式。于是动力单元就可以提供更好的能量。

示例 1: 技术系统（TS）是步枪。主要有用功能（MUF）是击中目标。

如下的初步分析往往是错误的。

什么被处理？子弹。子弹成了产品。

能量输入的地方是什么？子弹。子弹成了执行单元。

能量通过什么流动？枪管。枪管成了传动单元。

能量的来源是什么？火药气体。火药气体变成了动力单元。

动力的能量来源是什么？化学反应，具体是火药爆炸，更准确地说是爆炸释放的能量成为了能量源。

以上分析包含两个误区。

1）产品定义不准确。产品是目标，是技术系统以外的部分。子弹是执行单元。

2）传动单元定义也不准确。能量通过火药气体传送至执行单元，即子弹。火药气体成了传动单元。当然火药气体同时也是动力：火药气体将爆炸能量转化为前进运动。枪管也是动力的一部分；它引导火药气体的流动。

示例 2: 技术系统是注射器。主要有用功能（MUF）未提及（图 1.3）。

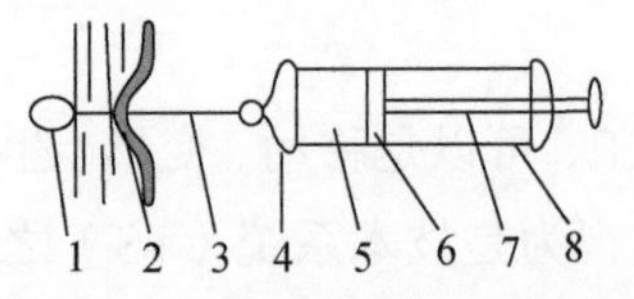

图 1.3　医用注射器作为技术系统（TS）

1，液体；2，皮肤；3，针；4，插管；5，液体；6，活塞；7，推杆；8，圆筒。

通常，我们会从第一个问题“什么被处理了？”开始，这时会得到多个答案。

a）身体（有机体）用液体药物处理。

b）液体被推出，即由活塞推出。

c）针刺穿，即处理皮肤。

那么，如何选择产品？最佳方法是将人或生物体置于系统范围之外。现在忽略中间选择：活塞作用于液体，液体成为产品。似乎活塞将成为执行单元。我们有理由将活塞作为执行单元。

技术系统（TS）的主要有用功能（MUF）与产品密切相关。液体已经作为上述产品。产品的位移，具体是液体进入皮下明显是主要有用功能（MUF）。对于执行单元，以下简称 WU，通过两大特征来判定。它是动力提供能量的部件，也是执行技术系统（TS）的主要有用功能（MUF）的部件。图 1.4 说明了这一点。

图 1.4　判定主要有用功能（MUF）中的执行单元（WU）

注射器中的什么部分执行转移液体的主要有用功能（MUF）？这里是活塞。能量输入的位置在哪？在活塞上，从这里作用于液体。因此执行单元 WU 是活塞。

其他部件：传动单元是活塞杆，动力单元是活塞杆，因为它调整手指的运动，将手指的不规范运动转变为活塞杆的单向运动。能量源是人手。圆筒也是动力单元的一部分；它引导着活塞杆和活塞的移动。

那针呢？它是执行单元 WU，但是属于另一个辅助系统——刺穿皮肤的子系统。在这个子系统中，皮肤成了被处理（刺穿）的产品，针头成为执行单元 WU，插管和圆筒都是传动单元，人手是动力单元也是能量源。这个子系统的主要有用功能（MUF）是刺穿皮肤。看看护士给病人注射，上述部分的疑问自会解开。她握住圆筒的上部，慢慢地将针推入皮肤。针头的力量通过圆筒上部到下部到插管再到针。既然手既是动力单元又是能量源，如若可行的话，我们必须在思想上将手的动作细分。手的上部分更多的是作为能量源，而手的下部分（手指）作为动力单元；前者为后者提供原始肌肉力量，后者将其转变为精心定向和微妙的力量。然后后者提供这种改进的、可控的力量。这就解释了为什么一个强壮的胖护士可以提供轻柔的无痛注射。

辅助系统会首先在技术系统（TS）开发过程中被改变甚至消失。现代注射手枪没有针。它们通常用于大规模疫苗接种以控制流行病。

问题 1： 最近调研了 50 年前建成的地下管道，发现其仍然可用。只有几个地方发现了小裂缝和其他小缺陷。管道是分段的，每段约 100 米长，两侧都有井。有关部门决定不更换这些管道，而是在内部覆盖聚合材料。想法听起来很简单：在聚合物套管外表面涂抹胶水，将其在两个连贯井中的损坏的管道线内移动，然后填充高压水或空气，直到胶水固定。但是第一次尝试移动套管被证明是非常不成功的。最初，使用一根绳子将套管从一端推到另一端。这一步仅仅在开始时有效；很快套管就在管子里起皱、绞紧，黏附在管子里，胶水也开始被蹭下。还要浪费时间将黏附住的套管部分拖出来。该如何将聚合套管推送过去呢？如何确保它沿着管道轴线移动？如何确保它均匀且准确地黏附在管道的内表面上？

方案提示如下。

1）没有系统。我们应该合成技术系统（TS）。需要指出技术系统（TS）的主要有用功能（MUF）。需要指出技术系统（TS）的各个部分，如执行单元、传动单元、动力单元等。需要指出产品。

2）从问题条件得出的几个逻辑结论：为了使套管黏附在管道内表面，套管应该含有胶水。但是为了套管在管道中的运动不受阻碍，套管不应该含有胶水。矛盾出现。我们需要解决它吗？在要求的时间内，胶水应该在哪里出现？

3）套管如何在管子内传送？几乎不可能从管道另一端抽出套管。最终的技术解决方案如图 1.5 所示。

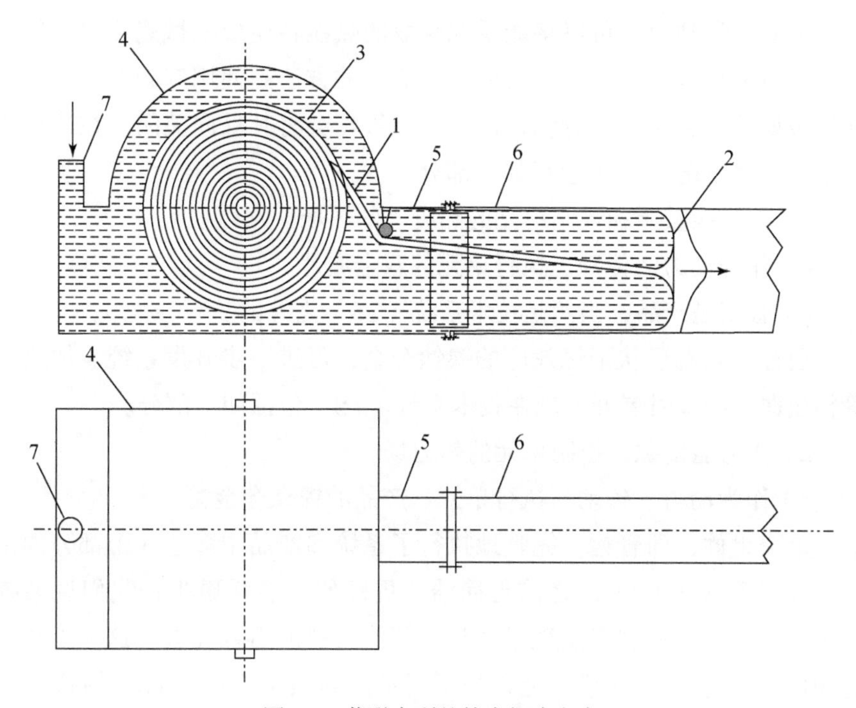

图 1.5　苏联专利的技术解决方案

内侧 2 上涂有胶水的薄膜制成的套管 1 被卷绕在滚筒 3 上。滚筒 3 被放置在防水材料制成的容器 4 中。套管 1 的一端沿着接口 5 和管子 6 的圆周方向固定。然后，水通过扼流圈 7 输送到容器 4 中。水驱动套管并将膜压到管的内表面。

问题 2：这是萨拉马托夫博士（Dr. Salamatov）所编的《在正确时间的正确解决方案》一书中的第 47 号问题。卡车的排气管直径较大，在停车前应该用管帽盖住。否则管道会被泥或固体物体堵住。可拆卸的管帽经常会丢失。风门管帽通常无效，因为其固定铰链容易被泥和烟灰覆盖而无法正常运作。你能想到一个更可靠的管帽吗？

最早尝试使用的是排尾气的机械场，如风门管帽，但是失败了。我们需要重新思考。只有一种物质，即管帽存在。这是待处理的产品，需打开和关闭。需要组装整个技术系统（TS）。没有动力单元，没有传动单元，也没有控制单元。当废气排出时，控制单元应该发出打开管帽的指令，并在没有排气时关闭。因此，该系统应该由气体控制，即由气体的出现和消失来控制。现在，我们尝试使用废气的热能作为能量源。

需要一种动力，可以将能量源获取的热能转换成机械能输出。然后这个机械能可以打开和关闭管帽。最简单的方法是使用双金属片。热量会使金属片弯曲来打开管帽，同时冷却管帽会将其反向关闭。在这种情况下，技术系统（TS）包括如下部分。

a）作为能量源和控制单元的热废气的热场。

b）作为动力、传动、执行单元的双金属片。

c）管帽是产品，当然是技术系统（TS）之外的。

通过引入有形状记忆效应的镍钛合金，可进一步开发系统。加热时管帽扭曲，冷却时展开。现在技术系统（TS）包括如下部分。

a）作为能量源、控制单元的热力场。

b）作为动力、传动、执行单元、产品的镍钛合金帽。

单个组件，即管帽，完整地执行了系统和产品中多达 3 个部分的角色，技术系统（TS）比之前更简洁、更轻便，能耗更少；我们说系统从之前状态到之后状态实现了卷积。智能材料的引入完成了这项工作。卷积的一个非正式的基本定义如下所示。当技术系统（TS）转换到一个新状态，伴随有如下变化。

1）质量、复杂度、尺寸、功率输入、损失降低（减少）。

2）要执行的所需功能保留或增强。

进化是卷积的一种。技术系统（TS）几个部分的重叠在卷积系统中是显而易见的。

1.5 第 2 条法则——系统中能量传递法则

在技术系统（TS）合成时，应该力求使用一个场[①]（能量）来执行和控制系统中的所有过程。添加到技术系统（TS）中的每个新的子系统应该被系统内能量或免费的能量（即来自环境、其他系统的废弃能量）流过，这样新系统才会工作。

示例 1： 使用系统包含的场来解决问题。在用金属填充模具时，金

①场几乎与能量同义。明确的区别稍后会介绍。

属可能焊接到砖衬（套管）上，或者可能流入框架和上部之间的裂缝中。冷却时，铸锭的体积变小，长度缩短。铸锭悬挂在框架和上部之间的焊接接头上，或流入该焊缝的间隙。在这种情况下，它在自身重量的作用下出现了裂缝。要考虑技术系统（TS）如何进化以增加其 $F_n \sum$ MUF；主要有用功能（MUF）的增加应该避免出现裂缝问题。

解决方案：给定的技术系统（TS）中可以利用热力场。为了增强主要有用功能（MUF），添加的子系统只能使用这个场。

倒入熔化的金属。活塞内腔中的液体（水）蒸发并推动活塞。活塞依次提升垫圈。升高的垫圈支撑悬挂的钢锭，释放钢锭中的应力。如果蒸汽压力超过容许限度，安全阀就会起作用。如果没有加入这些安全措施，垫圈会存在风险，铸锭受力过大，会造成上部部件从框架上破坏分离。技术系统（TS）中可用的热力能量的一部分被转移到增加的子系统。子系统利用这个能量加热水。主要技术系统（TS）中的热量“损失”实际上是有利的。铸锭冷却更快——技术系统（TS）的主要有用功能（MUF）得以增强（图 1.6，图 1.7）。

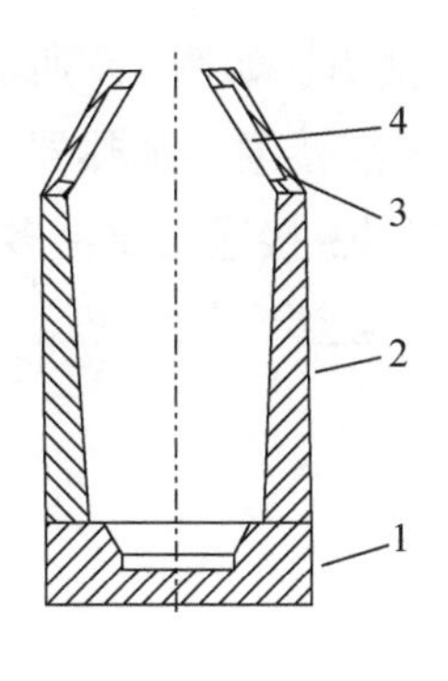

图 1.6　早期的技术系统（TS）

1，托盘；2，框架；3，上部；4，砖衬。

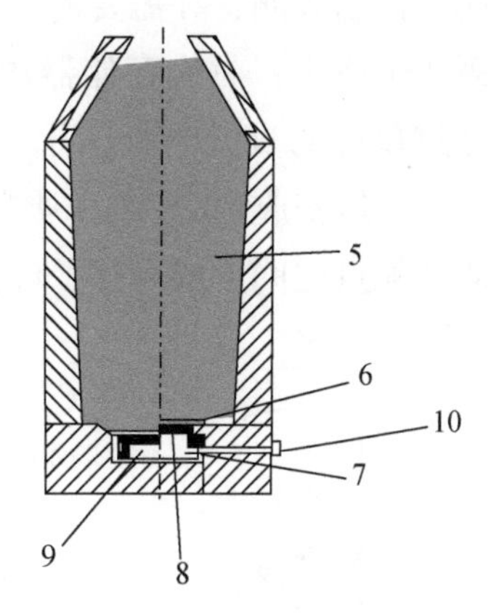

图 1.7　后一个技术系统（TS）

5，铸锭；6，垫圈；7，蒸汽；8，活塞；9，水；10，安全阀。

示例 2：电磁继电器多年的发展。在改进技术系统（TS）的整个过程中都使用了电场和电磁场。所有尝试不同的场的摸索，如机械场，都失败了。

第 1 个版本：原始电磁继电器有两个位置，如图 1.8（a）中的断开和图 1.8（b）中的接通。缺点：震动厉害时，触点断开。不够可靠，无法应用到飞机和宇宙飞船中。

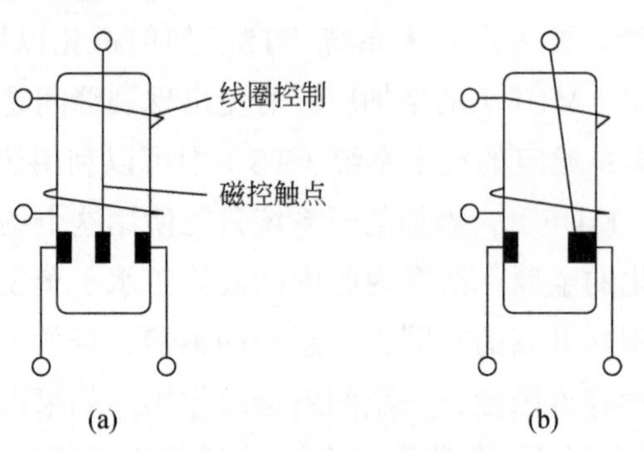

图 1.8　两个模式继电器的早期版本

第 2 个版本：设计了具有机械闩锁的电磁继电器。此图暂不提供。接通后，移动触点被机械闩锁固定。缺点：要求提供闩锁动作、分离供电线路、控制线圈，并需要控制方案。

第 3 个版本：具有存储器的电磁继电器被发明，如图 1.9 所示。加热器通过单独的直流电源打开。电介质熔化，触点接通。加热器电流被反转——加热变成制冷。电介质凝固修复触点。缺点：接通需要更多时间；电介质在触点之间形成薄层，即使是在闭合位置也会干扰接触。

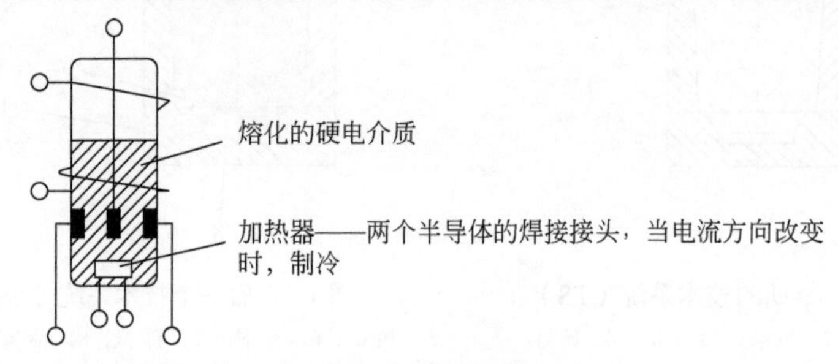

图 1.9　有问题的继电器

第 4 个版本：继电器的理想化（苏联专利 1387069，图 1.10）。交变电流通过线圈。合金变成液体。交流电突然被直流电代替。因此，合金沿磁场线拉伸封闭触点。直流电流即使运行也不能在合金中产生涡电流；其加热作用消失。合金凝固。直流电完全可以被关闭——延迟关闭除了少量能量消耗之外没有不利影响。几十安培的电流在剧烈颤动和振动条件下受到控制。注意到此处的理想化了吗？

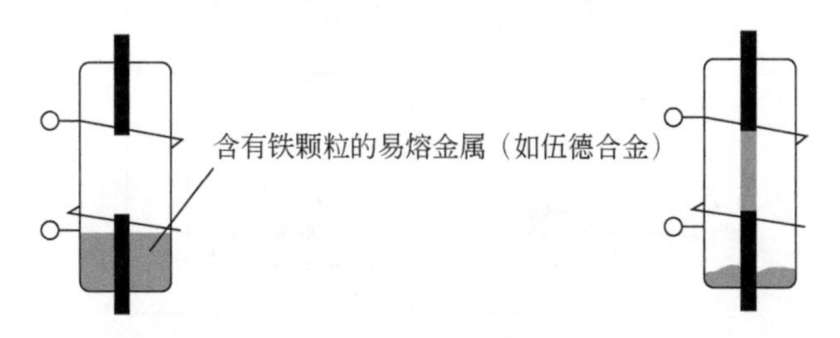

图 1.10　高度理想化的继电器

移动触点已经消失；其功能转移到合金。系统中没有多余的子系统和物质，如加热器、融化的电介质、机械扣件等。主要有用功能（MUF）得以增强，质量、维度和能量（MDE）消耗得以降低，理想度大大提高，产生了一种高级卷积。

1.6　第 3 条法则——协调系统节奏法则或协调性法则

在技术系统中，场的作用应该与产品或仪器特有频率相协调。物体以与频率完全一致的最高振幅摆动。在这个协调过程中，为了保持共振，从外部释放的能量最小，而进入系统的能量最大。

在许多情况下，相反的效果也很有用。共振的预防或中和就是系统自身频率和外部影响频率或反作用力的协调。

示例 1：在超声金属加工领域出现了一种令人困惑的情况。虽然这种技术具有独特的性能，但非常没有规律。基本缺点：发电机在自由运转时频率被调整到仪器振荡的自频率。自由运转时仪器没有负载。但随着仪器开始工作，它会受到不同张力的影响。仪器频率立即变化，不再与发电机的频率一致；系统不再处于以前设定的共振模式。其效率系数迅速下降（图 1.11）。

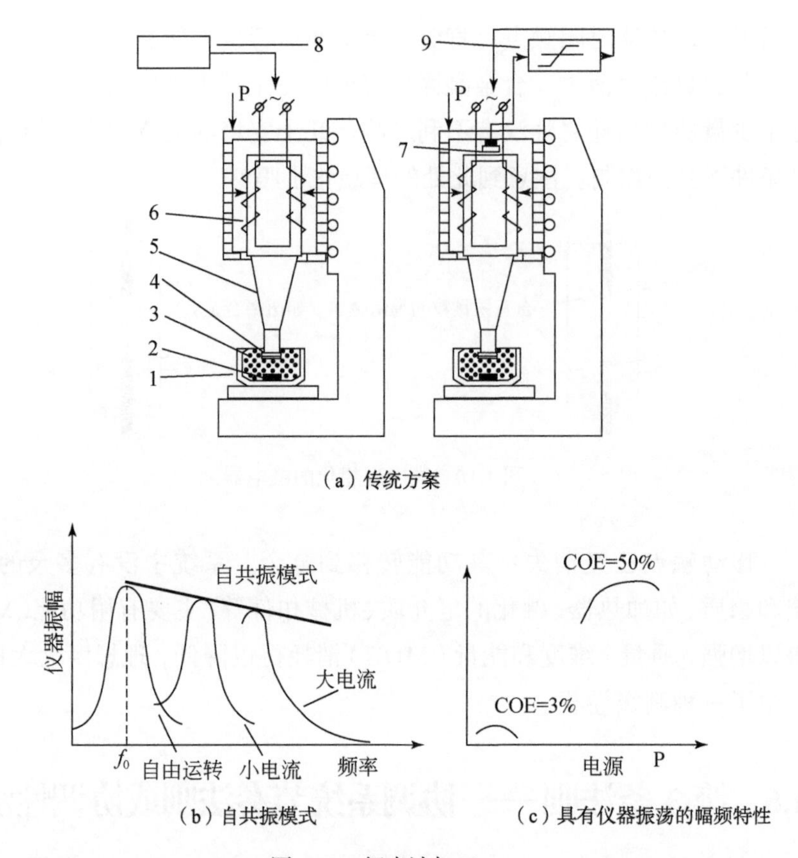

（a）传统方案

（b）自共振模式

（c）具有仪器振荡的幅频特性

图 1.11　超声波加工

在自共振模式下超声波加工机的工作原理：1，熔池；2，产品；3，悬浮液；4，振动工具；5，浓缩器；6，磁力伸缩振动器；7，传感器（麦克风）；8，发电机；9，增强器；P，供应的强化。COE 为系数。

技术系统（TS）是超声波加工机。被加工的金属块是产品。超声波加工机在加载条件下，很难消除不匹配现象。仪器的自频率受多种因素的影响，如交变（振动）的加工材料的性能、仪器对半成品的压力、超声波切割条件等。为了使大量的能量到达目标，我们必须极端地增加制动器和发电机的功率。但它是完全无效的、浪费的方法。如何有效解决这个问题呢?

我们制定出 IFR。IFR: 让系统在任何时候选择最有益的(共振)频率。自共振是必需的!

作为反馈传感器的一种标准的麦克风设置在制动器后面的侧面，在处理区前面。在此位置的麦克风不干扰机器的工作。麦克风发出的电信号通过增强器传送到磁致伸缩制动器线圈上。自共振出现；它们的频率对工作条件的任何变化都会有敏感的反应。连续自适应共振可实现有效的超声能量传输，如图 1.11 所示。

系统中不同部分在工作时，主体仪器和产品应该匹配相同的频率，以便更好地协作或者匹配不一致的频率，以防止有害的作用。此外，不仅可以对频率进行协调或去协调，还可以对影响这些频率的速度、质量、尺寸、形式、弹性等特性进行协调或去协调。有时，频率的概念甚至不会出现在解决方案中。

示例 2：当飞机着陆时，有时候可能会看到烟雾。原因：当轮子接触地面时，撞击会导致轮子的扭转和随后的滑动。这样的话，轮子很快就磨损了。这里车轮作为工具，车轮支架作为产品，这两者的节奏存在明显的去协调。根据法国专利 2600619，建议在车轮的侧面安装桨叶。高速空气的反向流动使车轮在着陆前发生反向扭转。最后净变形接近于零（图 1.12）。

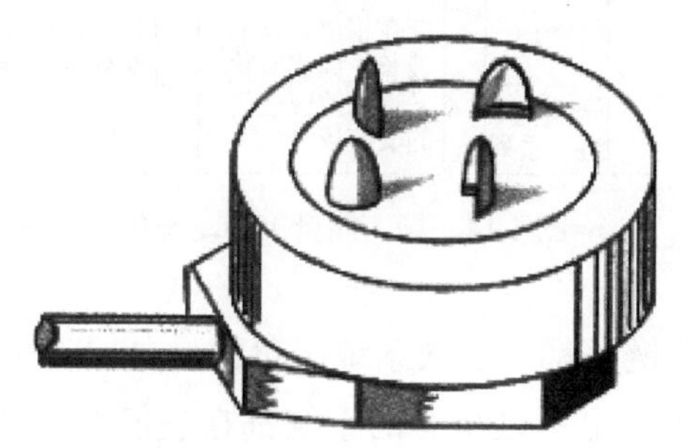

图 1.12　航空中的法国专利

根据法国专利 2600619 设计的飞机轮。

问题 3：风一吹，电线就摇动。在风暴期间，狂风大作时，你可能听过电线唱歌、管子吹口哨等。如果缺陷与振荡重合，电线就会断裂。你有什么建议？

多芯电线替代了普通电线。外线选用大直径薄壳空心圆柱体，内线选用小直径实心圆柱体。内线位于外线的内部。动态地看，系统的行为就像两个弹性值不同的弹簧，其中一个被放在另一个里面。该系统的固有频率不再是离散值，而是一个衰减的连续谱图结果。由风引起的尖锐共振是去协调的。

1.7 不是法则，却是被明显观察到的趋势：动态化

物质的动态化趋势：通常从固体物质被分成两部分而共用一个铰接开始。然后动态化遵循以下路线：单铰接—多铰接—柔性物质—液体—气体—场。有时动态化会以气体物质被一个场取代而结束，如图 1.13 所示。

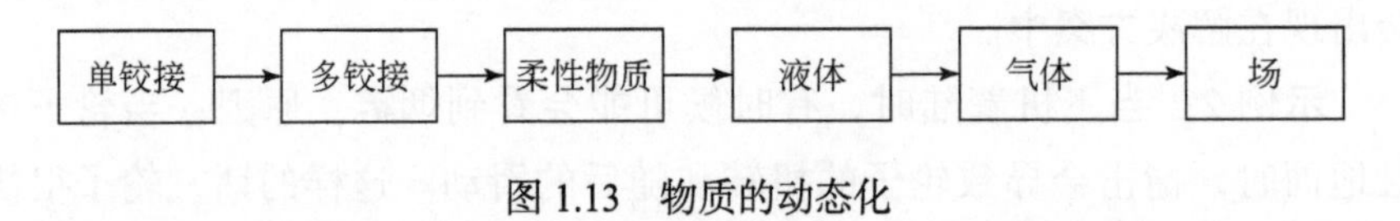

图 1.13 物质的动态化

场的动态化趋势：在最简单的情况下，是从恒定场过渡到脉冲场，然后过渡到交变场和非线性场，如图 1.14 所示。

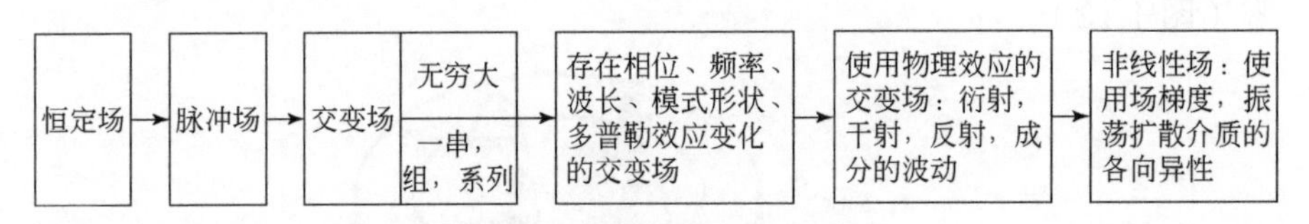

图 1.14 场（能量）的动态化

这两种动态化链条都只反映系统变化的最典型阶段。系统并非“一一经过”所有的阶段，也不是所有的系统都在它们的发展过程中到达链的末端。

示例 1： 未来的起重机会是什么样的？现代的起重机是在撑杆（箭）上安装老式牵引机（锤式打桩机）构成的。这个撑杆不能弯曲，起重机只能装载恰好在撑杆顶端滚轮下面的货物。带钩子的钢索在滚轮上移动，实现装卸货物。

即使是带伸缩撑杆和液压控制的最先进起重机，也无法在建好的建筑的孔隙内工作，也无法在任何施工的角落工作。

除非撑杆变得像鸟的长颈（图 1.15）一般可以弯曲，否则起重机的这个缺点无法避免。俄罗斯已经发明了这种撑杆。这里展示的是一个简化的版本。撑杆盘面直径变小，外围有多达 16 个弹性撑杆箭束。它的形状就像一个可伸缩的管道，提供工作所需的稳定性。

图 1.15　起重机参照的鸟的长颈

两个或四个钢索也连接在盘面外围，钢索的配置是完全相反的。如果位于旋转平台上的操作员通过液压执行单元拉动一根钢丝绳，撑杆就会以惊人的方式弯曲。这种撑杆可以通过地下室的窗户或建筑工地的角落吊运货物（图 1.16）。

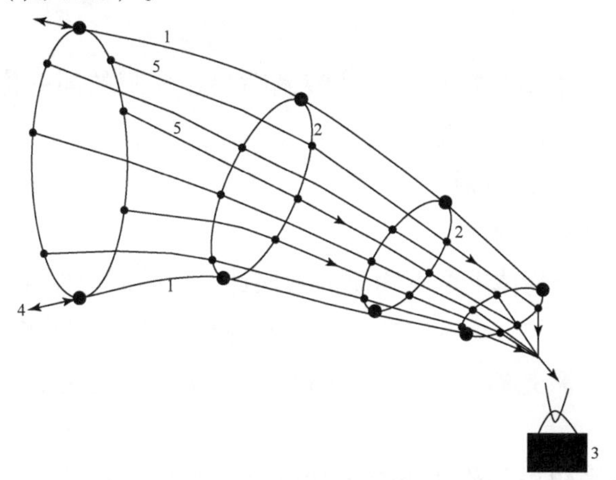

图 1.16　新一代起重机

1，钢索；2，铁饼；3，负载；4，接到操作员的绳子末端；5，箭束。

示例 2：这是一个 1949 年的发明——反射望远镜制造凹透镜的方法。其工艺如下：在腔室内放入银，焊接上盖，并且腔室被氧化焊炬加热到银的熔点。电动机旋转腔室。液态银形成了理想的抛物面。焊炬关闭。在整个制造过程中，真空泵的作用是将空气与银隔离。这是必要的，因为空气可以被熔融液体吸收，而之后排出时会在成品表面产生气孔。

问题 4：当需要从微型物体采集样品进行研究时，提取材料的微探针（无论这种材料独特还是廉价）是必要的（图 1.17）。通常的方法如下：物体的某些部位被基体覆盖，如高纯度的拉芙桑聚酯纤维（苏联开发的一种聚酯纤维）薄膜，激光射线可穿过它（像是透明的）。操作员打开脉冲激光器。在基材的内（下）侧喷涂材料。这种方法存在两个缺点。

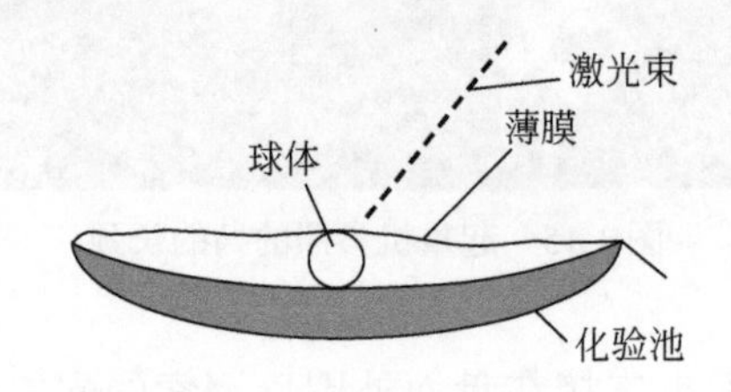

图 1.17　试验微探针

a）喷涂时，透明度快速下降，这就是为什么探头会被激光束损坏的原因。

b）雾状的微小颗粒和大尺寸液滴喷射在薄膜的同一位置上。在分析过程中，这些必须分离。

我们来详细介绍问题。

1）有一个微型物体。

2）有从这个物体上取下物质的微探针。实验后应保存这种物质。

3）微型物体的一个选定位置被透明薄膜（基材）覆盖。

4）有一个激光器，操作员打开它。光束指向选定的地点。穿过薄膜到达位置。

5）在激光辐射的作用下会发生什么？物体的物质会蒸发并沉积在薄膜的背面。

6）过程可以在不同的位置反复进行。

7）这个过程中有几个缺点如下。

a）膜的透明度在蒸发时迅速降低。为了继续加工，激光强度被提高。这会破坏探针。

b）微小颗粒与较大粒径的液滴在薄膜的同一位置。在分析过程中需要将它们分离。一个问题的解决会导致另一个问题。

这种取样的一些科学史：无。

落到地面大约 100 年后，科学家调查了 1908 年落在西伯利亚北方针叶林的通古斯陨石之谜。在那里发现的所有不同寻常的物体，如物质颗粒、土地测试样品、部分树木等都存放在俄罗斯的几个博物馆内。分析开始时，有超过 30 种有关这种现象性质的假说存在，但是缺乏最终的解决方案。为了验证或否定一个假说，有必要进行检验。所以从博物馆取走了展品并进行了研究。在许多测试中，发现了直径为 2 ~ 5 毫米的类似玻璃熔滴的黑球。所有精细的物质分析方法，如 X 射线法、核磁共振法、重量谱法等均可采用。要使用这些方法需提供足够的物质（微量，使用微探针）。要获得这样的微探针，使用了前面提到的方法。这种方法需要改进。

解决方案：有必要达到以下要求。

a）薄膜的透明度既不会减少，也不会在该方法中发挥任何作用。

b）不同大小的颗粒到达薄膜的不同地方（基材）。

似乎样品球和激光束可以保持不变，而其他部分需要更改。

进化方法：使用物理效应——当这些粒子旋转时，粒子根据质量不同会区分开来。动态化趋势开始发挥作用。控制方案：基板垂直放置。样品以一定的速度旋转，在离心力作用下的冲蚀产物达到不同的加速度并且落在基材的不同层面上。薄膜的透明度不是必须的，因为激光束已从系统中分离了（图 1.18）。

为什么重力的影响被忽略了？什么将辐射地向外沉淀（更小或更大的颗粒）？答案留给读者去思考。作为本案例研究的最后一点，请注意技术系统（TS）与主要有用功能（MUF）的增加有关。技术系统（TS）

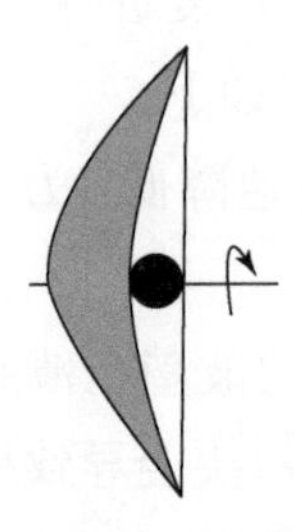

图 1.18　成功的微探针

看起来更精简、更有用。技术系统（TS）发生了卷积。在正式介绍卷积之前，我们希望你能考虑一些关于卷积的非正式的想法。

1.8　第 4 条法则——提高技术系统（TS）物 - 场相互作用程度的法则

一个技术系统（TS）由几个部分组成，每个部分由一种或一组物质组成。这些物质通过能量传递发生相互作用。

TRIZ 的术语在此需要扩展，以便后续讨论。如果物质“A”向物质“B”施加作用力，比如机械推力 F，导致实际位移（或移动趋势）或是实际变形（或变形趋势）等，我们说 A 和 B 之间存在着机械场。更确切地说，场（机械力）从 A 指向 B。A、B 和 F（机械力）构成了物 - 场模型（SFM）。

$$A \xrightarrow{F_{mech}} B$$

技术系统的发展向着物 - 场度增加的方向进行：非 SFM 系统的目标是成为 SFM，在已是 SFM 的系统中，其发展是通过增加元素之间的连接数量、提高元素的灵敏度和增加元素的数量来进行的。

示例 1：见图 1.19。套管（部件 2）通过模具制造。由于无法夹住套管边缘，因此很难将其从盲孔（部件 3）中取出。原始方式：在套管内部制造一个凹槽，并通过使用“拉出”工具将其从外壳中拉出。这种方法耗时，且不可靠。对于大规模拆卸，是完全无法接受的。

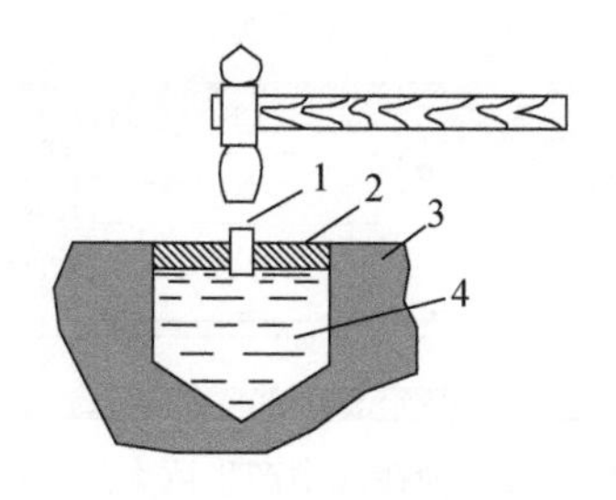

图 1.19 通过 SFM 中的合成物提供的最佳解决方案

模塑套管方法：1，滚筒 – 活塞；2，套管；3，主体；4，油。

更有效的解决方案（图 1.19）：将盲孔用油填充，插入钢辊，并用锤子敲击钢辊。外部作用会导致液压油对套管的冲击。随着每锤的冲击，钢辊下沉更深，导致油的压力增加。套管上液压压力上升。最后一击时，套管弹出。方法是安全的。还要注意，套管上油的压力均匀分布在套管上。因此，套管没有形变。图 1.20 说明了该解决方案的物 – 场模型 SFM。

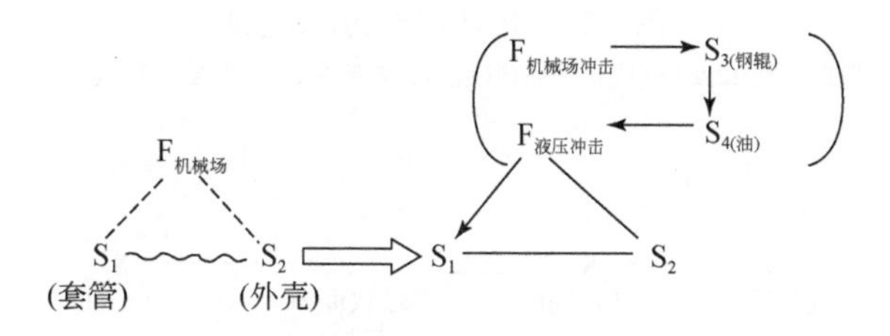

图 1.20 复合物 – 场模型 SFM 实质就是解决方案

示例 2: 还有一种在油中实现高压的安全方法。该技术的较早版本（未展示）：在腔内注入氮气，通过加热提高压力。方法易爆炸，不可能有很高的压力。改进方法（图 1.21）：腔内充满油，阀门关闭，弹性元件（皮带）从外部转鼓移动到内部转鼓上。因此，腔内柔性元件的体积增加。压力急剧上升。该技术用于半成品材料的校准。作为练习，留给读者绘制以前和改进的解决方案的 SFM。

示例 3： 图 1.22 显示了套管 – 芯轴 – 套管的分体连接。进化：为了降低劳动强度，提高组装 – 拆卸连接的生产率，覆盖套管由具有正磁系

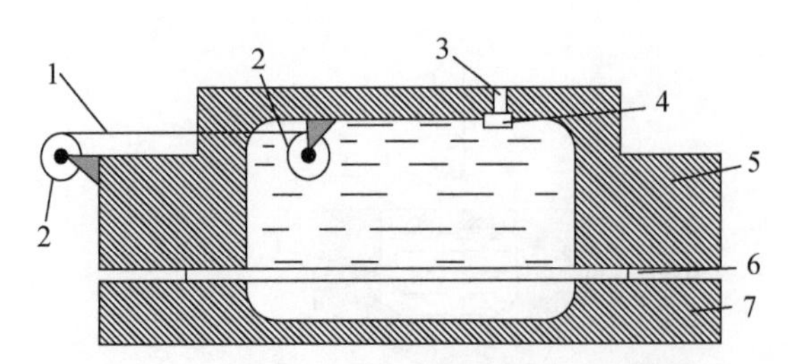

图 1.21　另一种在油中产生巨大压力的方案

产生高压的方法，专利 566656。1，弹性元件（皮带）；2，转鼓；3，孔隙；4，阀门；5，腔；6，套管；7，模具。

数的磁致伸缩材料制成，其弹性形变是由外部电磁场引起的。图 1.23 显示了对应的物 – 场模型 SFM。

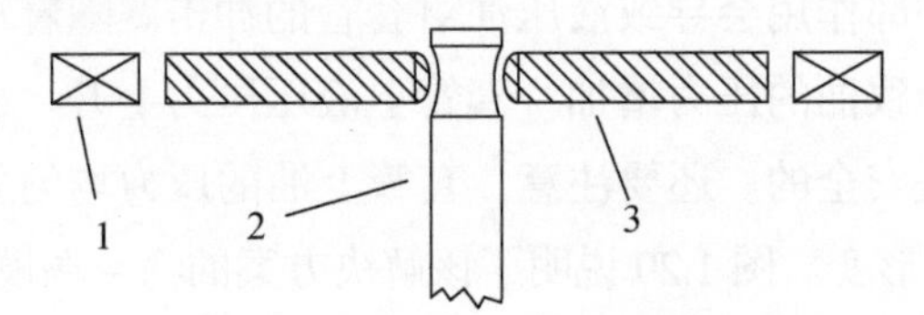

图 1.22　电动旋转机分体连接

根据专利 1298439 进行分体连接。1，电磁体；2，芯轴；3，套管。

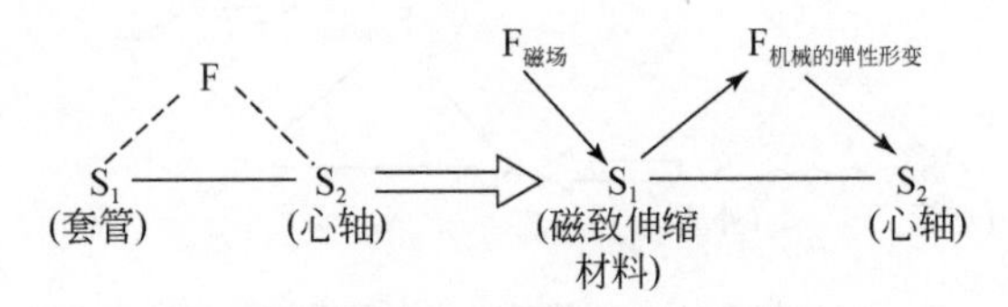

图 1.23　分体连接的物 – 场模型 SFM

在本案例中，控制性差的场如机械场——坐封、卷边和热场——热坐封，都被一个更易控制的磁场所替代，与此同时套管的物质也被替换。

1.9　第 5 条法则——从宏观向微观级系统跃迁法则

随着技术系统（TS）的进化，分子、原子、离子、电子等，在物理化学作用下容易被磁场控制的，可以代替轮子、轴、齿轮等（图 1.24，图 1.25）。

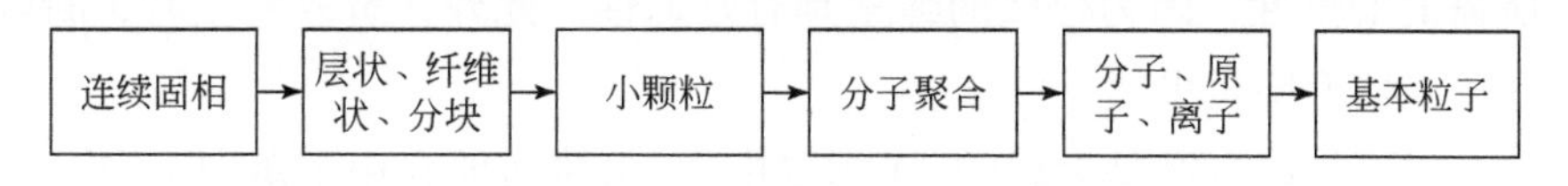

图 1.24　从大到小

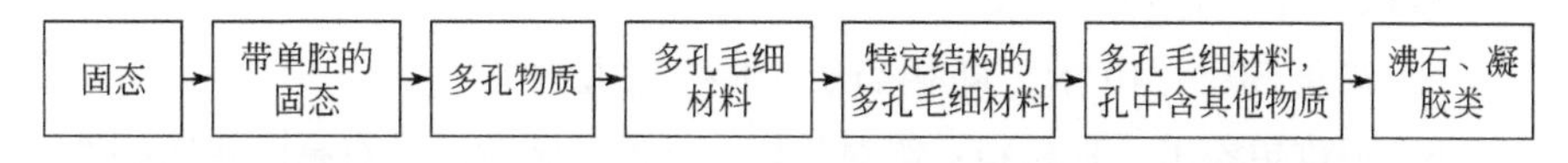

图 1.25　从大到小（结构）

示例 1： 汽车轮胎物质的进化。

a）固体物质轮胎。

b）具有气腔或充气的轮胎。

c）多腔充气轮胎：隔栅隔离空腔。

d）宏观有孔轮胎。

e）多孔毛细材料（CPM）轮胎。

f）气腔内填满有孔聚合物颗粒、凝胶类等的轮胎。

示例 2： 沉船吊举方法的进化如下。

a）固态主体，如用绳子吊起沉船，沉船内部房间的水未被先排出。

b）大腔，如驳船[①]。

c）大量小隔腔，如硬泡棉——FPU。

d）研磨的泡棉，如球、泡沫塑料颗粒。

e）气泡凝胶，如橡胶颗粒、微胶囊。

问题 5： 像石油和天然气井类规模化工厂，需要持续不断的人力。但这些地方有时候对人来说可能是非常危险的。在紧急情况下，可能会有燃料的溢出或蒸发。人员快速撤离的问题非常重要。通常多层梯子完全没有用；人没有时间爬到地面。为使风险最低，在产业规模厂房附近安装了在钢管中移动的专用升降机。紧急情况下，在顶层平台上，人们跑进升降机，关上门，按下按钮。但即使是高速升降机也往往不能提供

①如果没有俄罗斯的深海轮船“和平号”，壮观的电影《泰坦尼克号》就不可能诞生。

所需的安全性，因为松散的绳索具有延迟性。此外，事故发生时，断电很可能使升降机失效。

以下解决方案是理想的：不需要电力。升降机舱自由下落，但不中断。它平稳着陆后，人从升降机舱跑出进入安全地方。你有什么建议？

解决方案：你需要考虑以下因素。

a）高度 30 ~ 40 米，即相当于 10 ~ 12 层楼。

b）很难想象出一种材料：绝对易燃、方便、轻薄，具有高的热防护性。

c）正常情况下套管处于扭曲状态，并在火灾时打开。这种机制必须可靠，尤其是不受风的影响。

d）最重要的是，在这种情况下会发生恐慌，任何口号和建议都不会有所帮助。

e）靠近套管处可能发生争斗。有必要为所有人提供方便的通道，可同时进入升降机舱（太空舱），并及时从事故地点撤离。

解决方案：专利 128789（图 1.26）。人们进入一个舱内，门紧紧关闭，

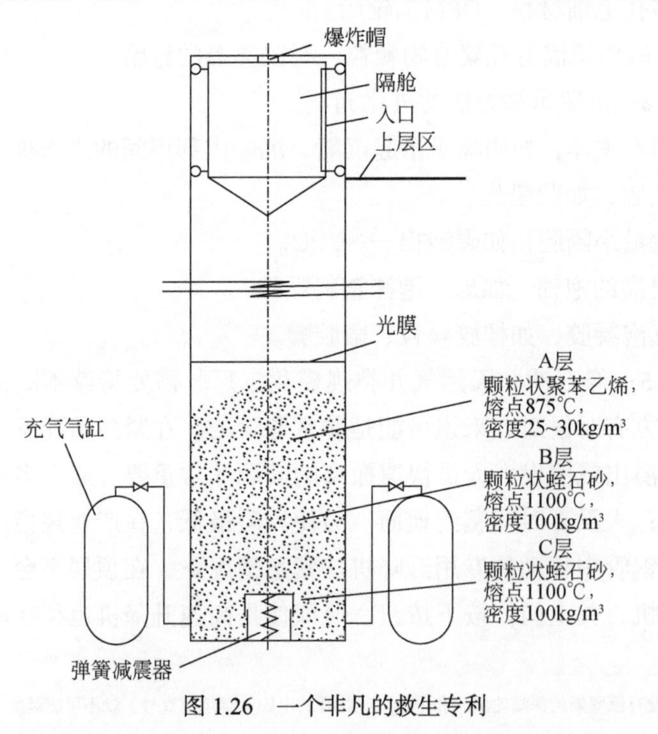

图 1.26 一个非凡的救生专利

人们坐在扶手椅上，炸药一响，机舱就往下落，带气体的圆柱体阀门开启，形成沸腾的颗粒层，隔膜破裂，颗粒流向机舱流去，平稳缓冲。聚苯乙烯颗粒部分移动到机舱的顶上，发生火灾时，它们会熔化，以便保护客舱。注意，这样一个美妙的卷积中，智能物质要比组件/组件子系统好得多。

第2章 卷积的起源

向超系统过渡的法则微妙地增加了技术系统（TS）的积极性，同时也减少了负面影响。系统变得对所需的应用更有利，但并不变得复杂。通过扩展的例子可以更好地理解这个法则。卷积轻轻走进技术系统（TS）中。

是谁在什么时候发明将一片奶酪、香肠或其他东西放在黄油上？三明治：两片带黄油的面包，之间夹着一块肉，这是由英国三明治爵士在18世纪发明的。这样的三明治在打牌游戏过程中更方便食用；黄油不会弄脏牌。我们可以将三明治称之为由两个单系统两片面包加上其他一些东西组成的双系统吗？

相机的光圈安装在镜头前面或后面。在前一种布置中，图片变得有点膨胀，直线变成凸起的。在第二种情况下，图片变得有点收缩——直线变得凹陷。这种光学畸变现象，长期以来都无法消除。之后终于找到解决方案：设置两个光圈，一个在镜片之前，一个在之后。光束首先膨胀，随后同程度收缩。变形相互弥补。这是代数中的一个经典的负负得正的例子。双系统中两个相似的要素在满足相反的（冲突、反向）功能的情况下，系统质量得以保证。示例：一把剪刀，相机光圈。双系统中使用不同的两种元素（具有不同特征）也会使系统质量提升，就像著名的“吉列”双刀片——一把刀片挑起毛发，第二把刀片割掉毛发。

看看普通的钻头。猜猜它会以哪种方式进化？我们尝试发明一种比现有钻头更好的钻头。墨守成规者可能会给钻头提供更快的生产速度或使其更加锋利。在这样的提议中，系统与原来一样：思维惯性没有将系统转变为双系统或多系统。正确答案是，钻头必须变成双钻头。连接两个钻头是什么意思？有必要使用两个钻头并且将它们变成一个双钻头。就像是两个枪管共用一个枪托的双筒枪，或者一支共用外部木杆的一端蓝色和一端红色的双色铅笔。双钻头两端都有螺旋膛线。当一端变钝后，可以转过来，工作人员可以用另一头继续工作。

转换成双系统和多系统是每个系统发展的必然阶段。例如，古代锚是一种单爪钩。然后出现了双爪锚和多爪锚。带有一个钉子的图钉是一个简单的系统。然后发明了双图钉（两个钉子）和多图钉（三个钉子）。这种转换增加了系统的主要有用功能（MUF）。

钉子是个简单的单系统。如果转变成多系统，会是什么形式？多钉是由芬兰工程师开发的。其包含一个金属板和大量的钉子。一头足够装 200 个钉子。使用多钉处理木质结构要比普通的钉子快 2 倍。注意：简单地将系统叠加到一起是不正确和无益的。将一个橱柜堆叠在另一个上面没有额外用处；如果有的话，那就是低级别的发明。增加后系统必须是有益的；双系统应该比两个独立系统叠加在一起更简单和更高效。两支枪合并形成一个双枪管时，有些部件会消除。最有利的技巧是将虚无、空虚、免费资源结合起来。在训练潜水时，为防止受伤，泳池内底层水与空气结合；气泡从池底释放和扩散。与密集的水相比，空气几乎是空虚。它们一起在池底形成一层“软”水，产生缓冲作用。

示例 1：磁致伸缩泵。研制了一种超声发生器驱动的磁致伸缩元件泵。专利 885635（图 2.1）。

元件 1 和元件 2 是磁致伸缩工作元件。如果一个元件单独运行，它是个单系统。只能实现液体的摇动，即前后推动。也许出于某些考虑，这是个有用的功能。当我们将这两个相似的元件改变合并后，就成为具有偏向特性的双系统，得到泵送液体的新型系统特性。这里元件的正向特性增加了，即向前推动液体，而负向特性消失了，即将液体推回去。这个双系统执行了两个功能。

a）泵送功能，向前输送液体。

b）阀门功能，锁住液体的向后运动。

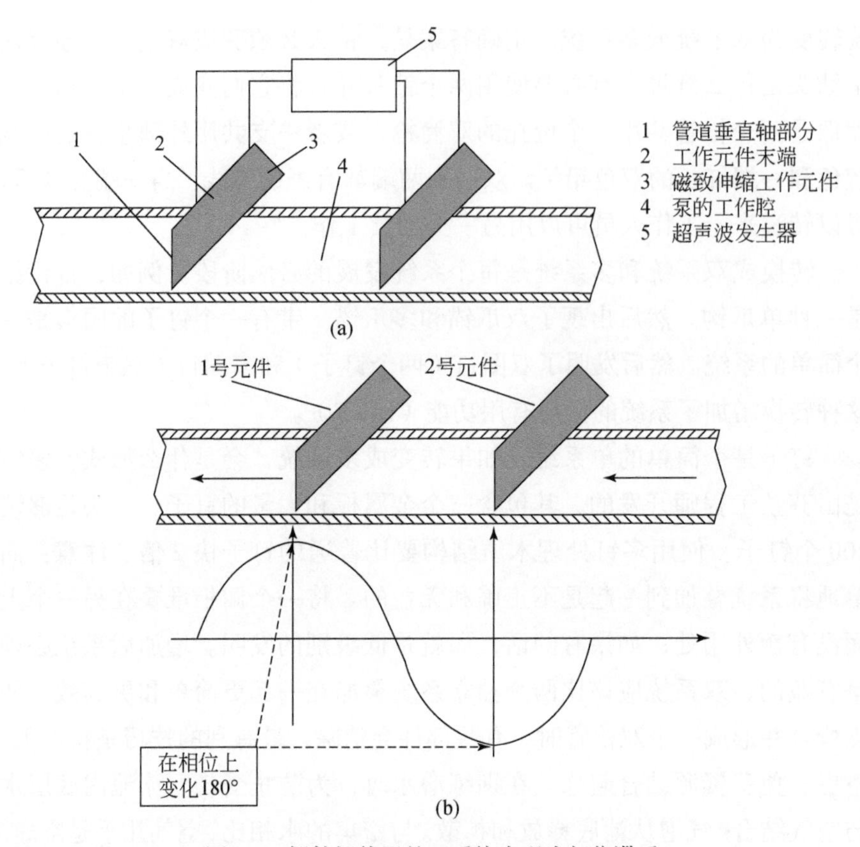

图 2.1　部件间偏置的双系统表现为相位滞后

这两个功能其实是这个技术系统（TS）的单一主要有用功能（MUF）的一部分——泵送液体。值得一提的是，该系统的分步工作处理不在本书范围之内。

示例 2：焊接。我们从激光束焊接（通常称为 LBW）开始。在此过程中，将多块金属加热至熔融状态，使用激光熔合在一起。技术系统（TS）由要连接的两个或多个金属部分、激光束及用于光学聚焦反馈的子系统和填充焊丝组成。技术系统（TS）目前是一个单系统。有些人可能不这样认为，觉得涉及两个或多个金属部件。我们的答案是，根据激光束的数值来设置技术系统（TS）的单、双和多重属性。

为了增加主要有用功能（MUF），单系统进化到双系统和多系统。

此处给出了几种可能的方向。

a）要么光束一分为二，要么使用两束独立的光束。两束激光束的强度和（或）频率是不相等的。它们对称地聚焦在焊接方向上。这是具有异质特征的双系统。新系统性能：在不同金属焊接的情况下，需要不同的热功率来熔化它们。激光束功率的不同与此相匹配，产生均匀的焊缝（图 2.2）。

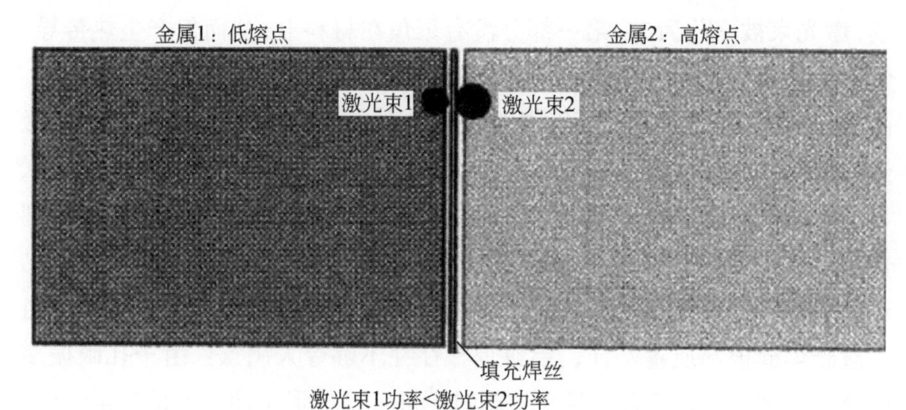

图 2.2 不同金属要求不同熔点热量

b）在上述 a）中，如果使用相同金属，则激光束可以相同。技术系统（TS）像是具有均匀特性的双系统。

c）两个激光焦点与焊接方向成一条直线，其中一个引导另一个。新系统性能：合金气化形成的孔眼稳定，通常是因为孔眼变大，金属蒸汽的排出也更容易。因此，焊接时孔隙度较小，并且气孔（焊缝局部爆炸）几乎消失。焊缝的机械性强度更高。从长远来看，使用优质的焊接金属可以减少报废和焊接部件的维修。这是具有异质特征的双系统（图 2.3）。

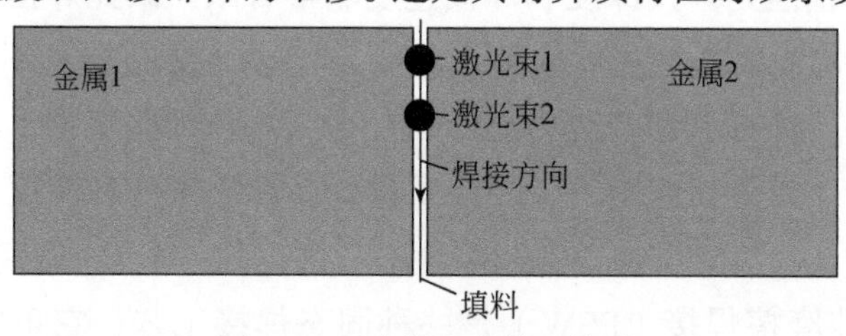

图 2.3 两个激光束前后并列

d）镀锌钢，两面都有镀锌层覆盖，目前广泛应用于汽车工业中，主要用于汽车车身的制造，尤其是作为车身的面板和结构材料。为了使其更厚，会采用电阻点焊将一张张镀锌板焊在一起。这样做时，由于使用的电流高，锌层很容易蒸发，而在钢板 / 钢板界面产生的大量热量会产生良好的焊接。当镀锌钢激光焊接被引进后，工程师面临一个问题：锌的蒸发会干扰孔眼，进而导致诸如疏松缺陷的生成。为了工作可以继续，激光束被一分为二：第一部分没有聚焦在材料上，从而仅产生热传导，但是足够的量还是会导致锌蒸发。第二部分产生一个焊接孔眼。新特性：由于焊接时锌已经蒸发，所以焊缝质量非常好。因此，镀锌钢现在可以“激光焊接”。这是具有偏置特性的双系统。

e）对于向汽车工业销售产品的钢铁公司，激光焊接的拼焊板得到普遍应用。拼焊板通常由两块不同厚度的板材对焊而成。Corus 公司已经为兰博基尼开发出一种工业规模生产铝拼焊板的方法。长期以来，由于激光焊缝根部质量不佳，铝拼焊板往往不够令人满意：由于孔眼振荡而产生尖刺，存在熔合不足。尖刺对于进一步成形（冲压）是有影响的，而且熔合不足可能导致成形失败，更糟糕的可能是导致工作失效。为了解决这个问题，激光束进入双系统流程：激光束对接焊接两个铝坯料；随后，就在几毫米之外，在另一面，不聚焦的第二束激光（二极管激光器）重新熔化焊缝根部，或进一步维持焊缝根部的熔化，使焊缝平整。新特性：在焊缝根部，尖刺被消除；熔合是完整的。由此，高质量的焊接根部利于拼焊板的成形，确保了部件的高机械性能。这是个具有更多异质特征的双系统。

f）熔化极惰性气体保护焊（MIG）：MIG 很有趣，因为它形成了很大的焊缝，但是焊接深度和焊接速度非常有限。激光焊接很有趣，因为焊接速度快（对工业生产有利），且焊缝深，但焊接质量不如 MIG 好，焊缝宽度窄。MIG 和激光焊接已经被整合为一体焊接工艺，称为复合焊接。新特性：因为其速度快、焊接质量好、焊缝宽度和深度都很高，因此综合了优点，消除了每个工艺的缺陷。这也是一个异质双系统。

g）搅拌摩擦焊接（FSW）是一种固态焊接工艺，它可实现任何铝合金的焊接，包括熔合实现所谓的不可焊合金的焊接。这个工艺的缺点是速度慢。在 FSW 工具前增加一束非聚焦激光束，使材料受热，其塑性流动应力降低，因此提高了工具的工作速度。新特性：FSW 工具可以更高的速度工作；这提高了生产率。同样这也是一个异质双系统。

h）激光与反激光：激光的逆转是什么？反激光。其属性是什么？但反激光穿越激光时，两者都会消失。激光和反激光的耦合有什么意义？目的与焊接金属仍然相同吗？如果很难产生一束具有理想特性的脉冲激光束，那么光学上就有可能做到这一点：用一种具有一定时空特性的反激光器来切割一束连续的激光束。结果：连续的激光束变成具有所需性能的脉冲激光。这是一个逆向双系统。

i)焊接与逆焊接接合: 焊接(接合)最显而易见的反向功能是什么？切割。事实上，激光在工业上也被用来切割金属。实际上，CO_2 激光既可以进行焊接，也可以切割。可以想象：同一个大功率源激光同时用于切割和焊接。怎么做到？激光射线通过半反射镜被分成多个激光射线。激光切割不同尺寸的坯料，然后将不同的坯料焊接成所谓的拼焊板，根据需要完成任务，对毛坯的不同部分进行能量分配。新特性：更高的激光射线稳定性；提高了生产力。可能的新特性：可以想象一个激光可以高质量地执行多个任务，焊接、切割、冲击预处理（以便得到更好的疲劳性能）、印刷等。这是个部分卷积的双系统。

j）单体：我们已经看到，为了铝合金焊接期间毛孔（孔眼）稳定，需要使用两个激光束。如果与被焊接的物质相协调，可以通过单个激光束达到这种稳定性吗？结果表明，在一定的脉冲频率下，在一些倍数波插入时间间隔，则使用单个激光束可使孔眼稳定。如果这些参数与孔眼物理现象的时间驱动功能协调，则可以获得优化的结果。协调性法则是我们技术系统进化的第三法则。新特性：更好的孔眼稳定性，因此孔隙率和爆炸（气孔）较少。我们可以把它称为具有单物质的单系统。

k）多激光束的焊接：可能容易想象将三四个相同的脉冲激光束组合在一起，使得焊接中孔眼的稳定性更强。激光束也可以具有不同的能量、不同的形状等。可能还可以实现其他功能。这是卷积的多系统。

示例 3：船。通过横梁组合的两艘船构成了一个同质的双系统，即双体船。新特性：水平稳定性提高，可以承载更高更大的风帆，所以风的驱动力更大，因此双体船更快。此处介绍一个新的 TRIZ 术语：连接的、内部运行的物质——内部中介。在这种情况下，横梁构成了内部中介。

三艘横向连接的船构成的同质多系统，被称为三体船。它具有一个中心体和两个侧向浮体。新特性：与双体船相同，另外其性能优于双体船。为此，三体船在帆船比赛中非常受欢迎。内部中介：主体和浮体之间的横梁。

在侧浮体上装有压舱水的三体水翼船构成了具有偏向特性的多体系统。通常压舱水用于潜水艇。在我们的例子中，风一侧的压舱水是满的，而另一侧是空的。

新特性：增强的稳定性，使水翼效果更易获得。

第3章 理想化和卷积：一个硬币的两面？

3.1 技术系统（TS）进化中卷积的出现：简洁处理

1）人类不时地在自己创造的技术系统（TS）中发现缺点，出现增加其主要有用功能（MUF）的需求。时间和主要有用功能（MUF）朝着同一个方向前进。这就允许在单个轴（通常为 x 轴）上标记时间和主要有用功能（MUF）。当然，前者是连续前进，而后者是离散的。技术系统（TS）的每一步改进都标志着主要有用功能（MUF）的跳跃——表示在技术系统（TS）上出现了一个发明。

2）要增加主要有用功能（MUF），必须加强（突出）系统中一个要素的相关属性。因此，努力集中在技术系统（TS）的这个部分或元素上。系统的进化是不规律的：系统越复杂，系统内部件发展越不规律。这是技术系统进化的第七个法则。

3）有几种机制可以推进元素的“选择”——其中一种是将其划分为具有特定属性的几个区域，或者选择属性值归到一个区域。这让我们想起了工程本身的开端；在单体结构上逐步配置执行机构、传输、能量源等。

4）突出一个“偏好”元素的一个属性时，与其他元素的协调就被破坏了。一个技术矛盾（TC）出现了。通过实例说明这一步骤。

示例1： 移动电话是一个技术系统（TS）。增加的主要有用功能

（MUF）包括增强技术系统（TS）的性能，加载诸如多媒体、相机、蓝牙、无线网络等不胜枚举的现代功能。技术系统（TS）由两种主要元件组成：电源块和电子块。一般来说，前者是电池，后者是没有电池的手机。最受欢迎的元素是电子元件，电子和通信革命比其他任何东西都更受欢迎。随着每个新功能添加到手机，主要有用功能（MUF）增加了。为了实现这一目标，电子元件取得了惊人的进步。它变得更复杂，但尺寸更小。对于尺寸的概念，通过比较充气二极管阀门与今天的纳米尺寸的集成芯片即可知。但由于材料科学和化学无法与指数型的信息技术革命保持同步，电源块更易被忽视。矛盾出现。

如果电子块性能提高了，则电源块必须变得笨重。对于像黑莓这样的智能手持设备，我们为其配备了功率更大（因此体积更大）的电池。电子块的进步所带来的尺寸缩小，远远不足以应付功率块尺寸的增加所需的补偿。总体而言，手机尺寸变大了。将其描述为 TRIZ 流行的技术矛盾（TC）：如果系统的一个属性，即提供先进界面、多媒体、相机等的能力提高，系统的其他属性，如尺寸，恶化。尺寸的恶化与性能的提高同时出现。

示例 2：钨丝灯泡，其产量大，使用广泛。技术系统（TS）主要由两部分组成：电灯泡和电灯泡的制造。到 21 世纪初，明确了碳丝灯具的缺点。碳丝很快被破坏，限制了白炽灯的温度和发光的亮度。看起来需要一些难熔材料制作灯丝。洛迪金（A. Lodygin）成功地制造了钨丝，并在 1900 年的巴黎世界博览会上展示了这种电灯。然而，冶金学家还不能创造出一种生产细钨丝的技术。在欧洲，获得专利并付诸实践的另一种难熔材料——钽制作灯丝的技术出现了，且组织生产了大量的钽灯丝。但没有任何材料的坚韧度和耐久度品质能与钨抗衡。因此钨是首选。钨丝灯泡以前很少使用——它们是由昂贵而精致的工艺制造的。现在主要有用功能（MUF）出现——钨丝灯泡广泛用于家庭、办公室和街道照明。请注意，钨丝是在主要有用功能（MUF）出现之前发明的。最受欢迎的技术系统（TS）元素是电灯泡（存在、使用），而被忽略的技术系统（TS）元素是电灯泡的可制造性。一个矛盾出现。如果更频繁地使用钨丝灯泡，随处可见高效、可靠和强大的照明系统，但是满足这种需求的生产是大规模、昂贵和迟缓的。TC 在此可以定义如下。

如果这些系统属性的集合——功率、效率、可靠性、大面积照明等改善，系统属性集合——生产成本、大部分工业流程等都会恶化。

5）完成 TC 的解决。实现了所提出的 MUF 增益。所以，TS 变成 TS′。因为人们很快就会对 TS′ 感到不满，所以会提出一个新的 MUF。当 MUF 达到时，TS′ 就变成了 TS″。过程是无止境的。似乎 TS、TS′ 和 TS″ 只是不断细化的 TS 图中的“平衡点”。

TC 的解决有两种不同的方式。

a）技术系统（TS）的扩展：矛盾得到了明显解决。TS′ 具有比 TS 更多的质量、维度和能量（MDE）消耗。尽力使质量、维度和能量（MDE）消耗增益不如以前推测的那样多——为此目的，添加一些功能有用的子系统，去掉一些功能不太有用的子系统。但是，最终结果是质量、维度和能量（MDE）消耗上升了。示例 1 中出现了 TC，手机通过扩展技术系统（TS）来解决。小巧而又智能的电子块被联合或者耦合成更大（可能大的程度会减弱）的电池，产生更智能但是更大的仪器。

b）技术系统（TS）的卷积：矛盾可以通过子系统的消失，甚至技术系统（TS）本身的消失来巧妙解决。怎么会这样呢？它们的功能要么被转移到远离技术系统（TS）的相邻系统，要么被理想物质取代。这种理想的物质是“智能的”——它被用来满足先前由子系统或技术系统（TS）实现的功能。示例 2 中的 TC 出现，即钨丝灯泡，它们的大量生产和广泛使用是通过技术系统（TS）的卷积来解决的。最后，研制出了低成本、大批量生产钨丝的工艺，直到今天钨丝电灯行业仍在运转。技术系统（TS）的质量、维度和能量（MDE）消耗在每个灯泡上的意义下降了；制造成本和每个灯泡的使用量已经大幅降低。

一个假设的想法：如果 TC 通过扩展技术系统（TS）来解决，技术系统（TS）的状态会是什么？我们可以在一个礼堂里用 100 个灯泡照明，旁边有 10 家工厂生产这些灯泡。紧凑的处理是由一个惊人的启示得出的结论。技术系统（TS）通过选择几次扩展模式解决其不断出现的 TC，然后通过几次卷积，再扩展几次，然后诸如此类（图 3.1）。

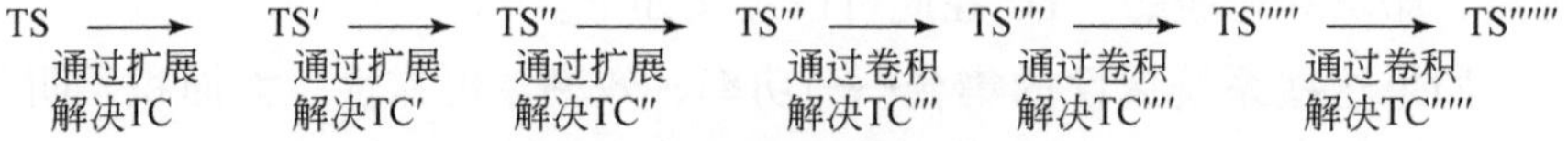

TS ⟶ TS′ ⟶ TS″ ⟶ TS‴ ⟶ TS'''' ⟶ TS''''' ⟶ TS''''''

通过扩展解决TC；通过扩展解决TC′；通过扩展解决TC″；通过卷积解决TC‴；通过卷积解决TC''''；通过卷积解决TC'''''

图 3.1　技术系统处理 TC 方式

技术系统（TS）遵循这种行为的物理原因：起初技术系统（TS）使用所有内部和外部（环境）中的可用资源来解决其面临的 TC，并增加其主要有用功能（MUF）。这些资源可以是物质，也可以是场。因此，质量、维度和能量（MDE）消耗上升，技术系统（TS）扩展。经过几轮扩展性增长后，技术系统（TS）无法从现有资源中再提取——它们已经耗尽了。技术系统（TS）的唯一选择就是变得更加智能。系统开始上述的卷积阶段。这样做的时候，它有时使用构成它的物质的“隐藏”属性，有时用包含自然编程的更智能的材料取代普通材料，有时从外部剥离无关的子系统。

因此，技术系统遵循波形进化，前半波扩展，后半波卷积。当然，这是一个无休止的波形。

3.2　技术系统（TS）进化中卷积的出现：扩展处理

对所有技术系统（TS）的历史分析表明，它们都是通过以下一系列连续事件发展的。

1）出现要求。

2）主要有用功能（MUF）的确立——社会需求新的技术系统（TS）。

3）新的技术系统（TS）的合成，开始执行功能 [最小主要有用功能（MUF）]。

4）主要有用功能（MUF）增加 ——试图从系统中获得比它真正能给予的更多。

5）随着主要有用功能（MUF）的增加，技术系统（TS）的某些部分或性能恶化——出现了技术矛盾。有机会提出发明问题。

6）通过回答这些问题，决定技术系统（TS）所需的改变：应该做些什么来增加主要有用功能（MUF）？什么让人做不到这一点？转换为发明问题。

7）利用科学和工程知识，有时甚至是文化知识来解决发明问题。在此，多元化发生——系统随之扩张或收缩。收缩被赋予一个特殊的名字：卷积。此步骤类似于 3.1 节所述简洁版本的步骤 5）。

8）发明引入后技术系统（TS）改变。TS 修改为 TS′。

9）主要有用功能（MUF）增加。

对技术系统（TS）进化的 9 个独立阶段进行了彻底的研究，围绕要点分析要害；下文中结合实例进行了综合讨论。

在工程世界里创造的一切，都是为了满足人和社会的需要。如果不需要技术系统（TS），它将永不会出现。如果出现要求，随着时间的流逝，要求变得越来越尖锐和迫切——那时没有什么可以阻止社会去创造一个技术系统（TS）并将其付诸实践。当然，社会雇佣创新者作为劳动力。总结这一段，需求是所有发明的源泉。

在后工业革命时代，工业中的人力劳动消耗极低，约占工业机械总消耗的 0.1%。这意味着，没有机器，我们只能获得目前产量的 1/1000。随着剩余劳动力转移到技术上，机器功率已经变得非常重要，而且在未来将越来越重要。我们可以把这个趋势称之为自动化吗？节约机器的动力应该而且已经正确地成为人类的一种重要需要。当然，人类已经满足了优先需要，如食物、水、睡眠、繁衍后代、抵御外界危险。这些需求尤其激发了工程领域的创造性。然后呢？这种需求升级为必要需求。这是个人或社会与环境之间矛盾的开始，违反了所需的平衡。出现的矛盾成为积极工作、满足需求的动力，进一步的技术进化被推动，而非强迫性的。

如果没有需求的激励作用，社会的进步是不可能的。要求卓越法则是独立地、客观地作用于人类历史的跨学科规律，它通过对人的意志和意识的微妙影响机制发挥作用。这种法则从史前时代到今天一直有增无减地支配着我们。而且在未来的几个世纪里，没有任何迹象表明它会失去它的支配地位。综上所述，满足社会不断增长的需求的必要性与现有的满足社会需求的方法产生了矛盾。这种矛盾是通过人类思维的创造力来解决的。

旧的（可用的）技术系统（TS）不可能满足增加的需求，这使得人类发明了新的系统或者通过引入新的子系统改进了旧的系统。例如，第一个红绿灯出现在 1868 年的伦敦，当时车厢的运动强度超过了所有安全限制。一个尖锐的要求——运动控制器的出现，为创造一个新的技术系统（TS）铺平了道路。在英国议会前热闹非凡的广场上，人们在柱子上放上煤气灯，煤气灯是用手控制的，两盏灯通过有色玻璃显示出红色和绿色。然而，引入一个新的技术系统（TS）也带来了有害的影响——灯会闪烁和发出嘶嘶声，惊吓了马。20 世纪初，美国才出现了带电灯的交通灯。它是水平的，有三种滤光片——红、黄、绿。这种结构证明是合适的，然后垂直交通信号灯的国际标准很快又被接受了。

世界上第一次飞机失事发生在 1908 年，仅仅是因为一个螺钉断裂。那时候，飞机上任何元件的失误都会导致空难。为了提高飞行的安全性，提出了在不平稳的大气中增加飞机稳定性和控制的新思路。1914 年，在一次航空安全比赛中，展出了搭载飞行速度稳定器的新型飞机。这架飞机在凡尔赛—沙特飞行期间进行了全面测试，并在风速 15 米 / 秒的情况下以 75 千米 / 小时的速度返航。因此，增加主要有用功能（MUF）的要求随着新的子系统——稳定器的创造得到了满足。

主要有用功能（MUF）越想迅猛提升，越难实现。这是显而易见的。通常具有高主要有用功能（MUF）值的第一代技术系统（TS）是笨拙的，它们的功能在可能破裂的边缘。但是人们这样做了，比如在战争时期。胜利取决于在各种军事工程领域创新竞争中的领先优势。1943 年，在莫斯科上空高达 13 000 米（那时候是非常高的）的地方，可能会出现轰炸机。长期以来，轰炸机不受到任何阻击，因为防空火力无法到达，苏联仍然没有可以在这样的高度飞行的飞机。紧接着，创造了一个特殊拦截机。这种飞机具有两个特点：额外的空气增压器和最大限度减轻飞机重量，以达到 14 000 米的高度。第二个特点，通过胶合板替换飞行员座椅的铁制靠背、除掉机枪以外的所有武器等措施大幅减轻了重量。最终，两架飞机，即敌方轰炸机和苏联拦截机在 13 000 米的高空相遇。战争一触即发。但是最终双方都没有启动战斗，因为两架飞机都在能力极限上飞行。更有意思的是，敌方轰炸机根本没有任何武器装备。而苏联的拦截机则无法占据攻击的位置。因为两架飞机即使在大的弯曲半径下也很难转弯。最终结局：盘旋，它们分开了，后来再也没有碰面。增加主要有用功能（MUF）和新的有用子系统的技术系统（TS）修改满足了需求，但即使这样，也需要更大的幅度来提高主要有用功能（MUF）的增益。在那个时代，这种大幅提高无法与创新相匹配。

第一台冰箱是由黄油销售员 T. Moor 创造的（美国专利 1803）。他将产品布局到整个华盛顿，这种发明的要求对他而言是非常急切的。它是一个大大的双层箱子，隔层之间放冰块。我们获得了有用的功能，但是冰块是在冬天制备的，之后必须保存、运输、切割等。1868 年，第一台冰箱压缩机诞生，可提供人造冰，用于食品储存，如巧克力块等。19 世纪末，市场上第一次出现家用制冰机器。在俄罗斯有一款名为“爱斯基摩”（Eskimo）的机器销售。这些机器消耗大量的燃料——木材、煤和煤油。1911 年，跨国公司“通用电气”开始生产现代的冰箱：这种基于压缩机的机器可以安装在厨房的橱柜内。这个冰箱实际上是由法国一个修道院老师 T. Oddifent 发明的。带有传送皮带的压缩机产生了很大的噪音，气体如氨和酸酐硫化物导致让人不适的气味散发到厨房里。1926 年，一名丹麦工程师 A. Stindrup 做了进一步改变：他把带皮带的压缩机藏在密封罩下，与外界隔离。冰箱变得没有了噪音，气味也消失了。第一台没有压缩机的家用冰箱是以吸湿为基础的。它是 1922 年由 B. Platen 和 K. Moonters 在瑞典发明的。从那时起，带压缩机和不带压缩机两种类型的冰箱开始了殊死竞争。1951 年，苏联科学院半导体研究所，发明了世界上第一台热电冰箱。然而压缩机冰箱已经快速改善：多功能自动系统出现，自身将水制备成冰，饮料可以冷却到指定温度，确保黄油保持柔软度，加入了故障预测块等。

计时器普遍被称为时钟，经历了不同的发展曲线。时钟作为技术系统（TS）具有明显和精确的有用功能——时间计数，且已经经历了漫长的进化。该系统工作原理的基础，依赖于一个或多个周期性过程：地球在太阳时钟中的自转；机械和电磁时钟的钟摆的摇摆；音叉时钟中的音叉；石英钟中的石英片。现代电子手表具有非常高的主要有用功能（MUF）值——1 年内时间误差不超过 1 秒。为什么时间管理要达到这样的精确度？是真的需要吗？不，一定程度上是无用的，即测量时间达到这个精度超过了我们对这种精度的需求。这个差距必须缩小。所以，进化决定以其他方式进行。精确时间的需求被升级。结果是显而易见的——压力传感器、脉搏记录仪、数字温度计、测谎仪的皮肤电阻测试仪、声光信号、日记、笔记簿、磁盘播放器、无线、电视、游戏、计算机、板球运动秒表、急救用短信发送等都是基于纳秒。不具备类似手腕运动自动充电以及从环境中获得能量功能的时钟被大量生产。20 世纪 90 年代后，手表功能被手机吸收。它们通过网络自动设置准确时间。在 2000 年，时钟被嵌入计算机的操作系统中；通过网络自动更新时间。主要有用功能（MUF）超过当代要求的系统的发明在工程史上并不罕见。当较大差距出现时，要么出现应用领域的探索——营销的问题之一，要么出现刺激需求的问题——夸张的广告、培养消费者。真正的社会要求应该与强迫的、人为的甚至愚蠢的要求区别开来。根据一位著名的美国社会学家的观点，在今天的美国，大约 80% 的生产或销售的商品与实际需求不符或对社会无用。

系统的主要有用功能（MUF）不断增加。只有当技术系统（TS）接近于资源耗尽的时刻时，才会出现衰退、障碍和短暂停顿，资源耗尽与给定系统基于的物理原理相关。实现功能的原理的改变为发展开辟了新的资源。A. A. Mikulin，一个著名的航空发动机建造师曾说过：“让我们来看看 1904 年以来的记录表，每个人都会看到：稳定增长持续到 1943 年。然后，每增加 10 千米 / 小时，都需要付出很大的努力，在 700 ~ 950 千米 / 小时时，曲线停止，陷入停顿！”“我会解释。”Mikulin 继续说到，笑着解释为什么会发生。“飞机面临着音障。进一步提高速度需要增加牵引力，增加几何级数的动力。而牵引力的增加导致发动机和整个飞机尺寸的增大……这时，每个人都想起了反应式发动机。”

到 2002 年左右，计算机生产率的提高几乎遵循线性规律。众所周知，近 10 年来，20 ~ 30 倍的增长明显是非线性类型，如图 3.2 所示。来自非 TRIZ 领域的预测者预测，2020 年后，除非技术系统（TS）完全转移到不同的水平，如分子、离子、DNA、纯场等，否则主要有用功能（MUF）将停止进一步上升。

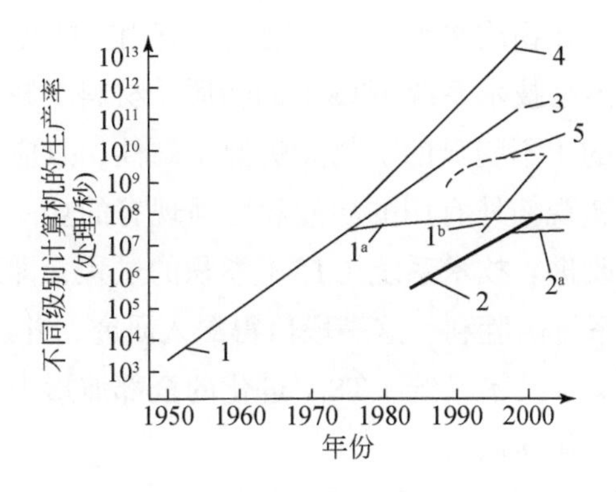

图 3.2 计算机处理能力的增长

1，高生产率计算机；1[a]，SP（单处理器），标量；1[b]，多处理器，标量；2，个人计算机；2[a]，SP（单处理器），标量；3，超级计算机；4，多处理器专用计算机；5，低温 SP（单处理器），标量。

我们返回到“正常的”技术系统（TS），其中主要有用功能（MUF）的要求超前于可用的主要有用功能（MUF）。这种不匹配——通常是发明问题，处理后会揭示一个建设性的技术矛盾（TC）。完成这个技术矛盾（TC）的完全解决或部分解决（一些松懈），结果是创造性解决面临的发明问题。这个创造性解决方案帮助技术系统（TS）回避阻碍主要有用功能（MUF）增加的有害因素的作用。系统中出现新的特性和功能；技术系统（TS）内物质和子系统发生改变——改造或取代。另一方面，如果尝试妥协而不是解决问题，则系统总体上保持不变。

为了让你知道你的里程碑，我们现在与简洁解释的第 5 点和详细说明的第 7 点步调一致。

“物质”和“子系统 / 系统”之间的激烈竞争与相互转化由此开始。为了确保你有坚定的立场，我们来看一个常见和普遍受欢迎的技术系统

（TS）示例——汽车。传动装置、发动机、悬挂都可以算是技术系统（TS）的子系统。每个子系统可以是单个元素，也可以是一组相互关联的元素。作为子系统的发动机由外盖、活塞、气缸和燃油喷射器组成。每个部件由一种或多种物质制成。外盖可以在外部涂上铝漆涂层，在里面涂上钛涂层。铝和钛是物质。

技术系统（TS）扩展的过程，即进化波的前半部分，最易从感知到物质的限制开始。在物质水平上，抑制主要有用功能（MUF）增加的因素的作用更强。因为技术系统（TS）的物质（材料）缺乏必要的特性，或无法使用隐藏的（不明显的）物质资源（属性、效应），需要通过创建新的子系统来实现额外有用的功能和增强现有的功能，由此出现了很多大型的发明和改进。技术系统（TS）卷积的过程，即进化波的后半部分是物质超越子系统的胜利。这一段值得深入研究，并逐步加以阐述。

我们现在定义了技术系统（TS）进化的全部波形中的几个阶段或转换时刻：扩展后伴随卷积。

a）试图改善（配置）物质所需的特性。

b）将均质物质划分功能位置。

c）根据其功能将位置专业化：过渡到异质物质。

d）由具有高有用功能的特殊物质组成的复合物质。

e）复合物质向子系统的扩展。

f）复合物质或子系统卷积为理想物质。

以上步骤会有相应示例详细说明。

技术系统（TS）面临着增加主要有用功能（MUF）的挑战。显然，最简单的解决方案是提高构成技术系统（TS）关键物质的质量、维度和能量（MDE）消耗。质量、尺寸（如厚度）、能耗（供电）这些因素中的一个或全部可以被提高。记住，在这个阶段，我们不应该担心质量、维度和能量（MDE）消耗的上升。因为我们意识到，技术系统（TS）最初必须扩展才能进化。然而，尝试增加质量、维度和能量（MDE）消耗通常会面临矛盾——其他属性或技术系统（TS）的一部分开始恶化。

创新者现在先从头脑中“毫无头绪的质量、维度和能量（MDE）消耗提高”转移到提高关键物质的必要特性上来。“精炼”开始，分配所需的性能，消灭有害的附带性能。因此，很多变体出现，包括改进型或适应不同系统、对象和工作条件的模型。例如，当今世界上生产了 3000 多种钢级。这种材料高度专业化，几乎在每一个新的技术系统（TS）中都需要强制使用一个新钢级。

如果不能创造出一种涵盖所有必需属性的材料，那么我们就必须从微观上思考。各向异性物质，如晶体、木材等建议以“正确”的方向使用。在一个与“用于多辊轧机的成形辊”有关的发明中，以轧制金属质量为主要指标的主要有用功能（MUF）值被显著提高，采用的是将蓝宝石单晶的结晶沿着辊的枢轴轴线取向的方法。在许多工业应用中，一级宝石——刚玉的一种，用的就是其最有利的晶格取向位置。在加工硬质金属时，自然界中最坚硬的可利用物质——钻石用的也是其最佳“切割”取向。我们如何超越这些？ 如何生产比正确定位的钻石更硬的物质？这是否意味着切割材料中主要有用功能（MUF）上升的终结？

不，进化的过程现在开始从单一物质分裂到不同位置、层次、部分，导致向复合物质的转变。原因很清晰：在不断努力增加主要有用功能（MUF）时，人们很快发现，不需要整个物质都有主要有用功能（MUF）增加所依赖的特性。只需一部分物质具有这种特性。工程师将这些特别的部分称之为“工作位置”。在工作位置要比在整个物质上增强所需的特性要容易得多。19 世纪中期，无烟炸药的发明和来复枪的引进是炮兵工程的重大突破。这满足了快速提高枪支射程的时代需求。但是，火力的增加使得结构卡死。甚至把铜和铁换成钢也没有带来期望的效果：钢管不能承受最大可达到 2000 标准大气压[①]的压力。此外，壁厚对枪托的稳定性几乎没有影响。只有法国人 G. Lame 的研究让人明白：在相同压力影响的管道内，金属层受到的压力是不均等的；内层承受最基本的拉力，外层几乎不起作用。因此，设计非常厚的壁厚没有任何用处，除非使外层起作用。这个问题在 1861 年由俄罗斯工程师 A.V. Gadolin 巧妙解决了。他建议用环状物加强枪托——在高温条件下，把钢瓶放在枪托

① 1 标准大气压 =101 325 帕。

上，经过自然冷却后给内层加压。

最近对 1900 年发现的一把俄罗斯 10 世纪的剑进行了分析。它是由异质金属制成的：切削边缘是很硬的一层，刀片的中心部分是硬度较低的铁。内部微观结构也不同，因为这两种材料是由铁匠焊接组合在一起的。

早在 1926 年，Ignatiev 就发明了一种著名的自磨刀，由几个刀片组成。作为一名受过教育的生物学家，他想知道，为什么动物的尖牙和爪子总是锋利的？它们磨损时应会变钝。然而，它们不仅保持锋利，甚至不会改变变薄后的角度。事实证明，原因是尖牙内外两侧的硬度不同。尖牙内部硬度比外部低，磨损更快。因此，出现了恒定有效的变薄角的尖牙和利爪（图 3.3）。

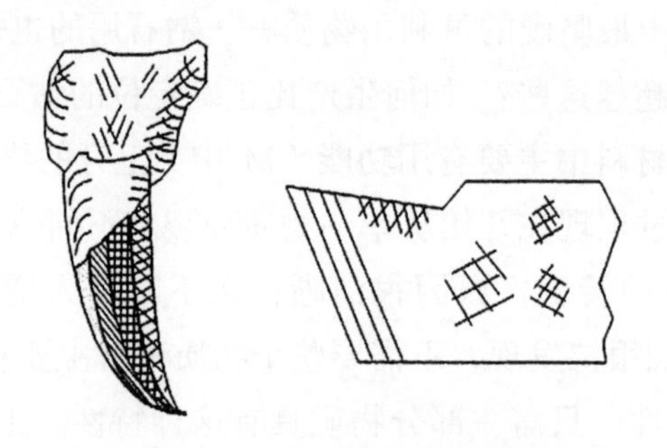

图 3.3　从大自然吸取灵感

爪子和尖牙自锐的原理奠定了 Ignatiev 层状铣刀的基础。

从单一物质向片状转变，事实证明是有用的。如果将确定的特性应用于每一层，就可以在主要有用功能（MUF）中获得显著的增益。由多片拼布制成的过冬夹克已经生产出来了。

他们比同类的夹克平均轻薄 10 倍 [此处质量、维度和能量（MDE）消耗减少]，同时提供更好的隔热效果 [主要有用功能（MUF）明显增加]。同样的方法也用于淬火卷曲处理、声学、光学等。

在顿涅茨克理工学院（Donetsk Polytechnic Institute），研究人员对机床的想法是这样的：刀杆的枢轴应具有先进的耐用性，刀杆应能在高负荷下正常工作。因此，在枢轴上应该有更多的铬和钼，而在刀杆的中部应该有更多的镍。理想情况下，每个细节都应该有一些镶嵌体构造。在其任何部位，化学成分和性能应符合负荷特性。研究人员成功地制造出物理力学性能随体积不断（逐渐）或微小变化的金属工具和产品（非常快速）。这些特性作为体积的函数是根据这些部件的运行条件来设置的。

将物质分解成功能位置以后，一个新的过程——“专业化”开始。每个位置只执行一个功能。没有位置是冗余的。在专业化过程中，增加每个位置和整个技术对象的有用功能更容易。意大利企业“倍耐力”（Pirelli）制造了非对称胎面花纹的汽车轮胎，在雪或冰上和干燥平原的道路上驾驶时，具有同样良好的抓地力。这种轮胎好像是由两个不同的部分密封起来的。汽车内侧面的半边装有一个可以在冰雪中行驶的保护装置，由橡胶制成，含有更多的硅元素，可以更好地抓地。轮胎的外半边有一个保护装置，可以在平坦干燥的路面上行驶，轮胎的橡胶里有更多的气体，这为高速行驶提供了更好的条件。不管是结构的非对称还是变化的橡胶组分，这种轮胎磨损一致。公司保证在报废之前可以行驶很远。

汽车的前照灯安装在汽车前面，以照亮道路。从安全的角度考虑，最好再多一盏灯，这样可以使光线向上或向旁边发散一点，照亮路边的招牌。在英国，这两种功能都集中在一个前照灯上。在前照灯玻璃的内侧安装了棱镜状的肩架。棱镜的作用是这样的，在切换到防眩光模式时，使前照灯的一部分光束下降到一边再向上，照亮距离汽车 25 米的路标。夜间驾驶的一个更严重的问题是由于对面行驶车辆的灯光而使驾驶员感到目眩。国际上授予了数百项关于防止眩光方法的专利，但是得到普遍接受、廉价的技术解决方案并未出现。一些创新提出使用“特异”眼镜或滤镜作为挡风玻璃或驾驶眼镜。但所有这些都降低了能见度。其他一些创新使用光电二极管来控制自己的灯的亮度。还有一些创新如使用扼流圈淬火反射器，但是这些需要对前照灯进行重新设计。此外，它们很复杂，且不太可靠。有些专利提出了使用偏光眼镜和滤光镜：使用这些意味着需要将光功率放大 4 倍。而且，这些镜片相当昂贵，且超出预算。

有些高速公路的公路护栏在高于汽车前照灯位置，安装了一排斜反射器，像灯柱上的标识牌。

对抗眩光的唯一方法似乎变成了反眩光。防眩模式，俗称“七星”，是一个普遍在全球所有的汽车采用的做法：当两辆车接近时，两名司机都将光线调低，以示互相尊重。

最终，专利 520487 解决了这个问题。该专利提出前照灯以某种方式弯曲光束，且不会使对向驾驶员目眩（图 3.4）。

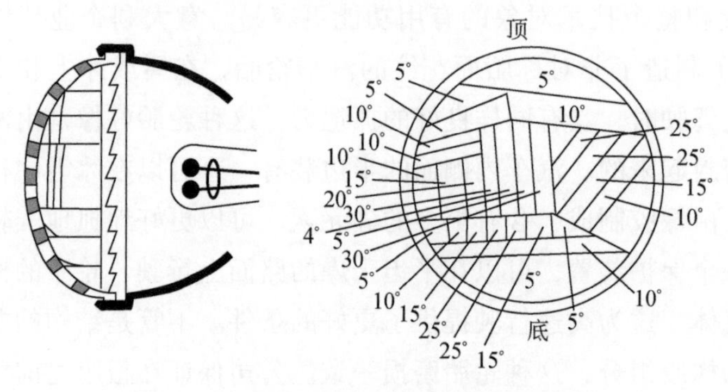

图 3.4　夜间驾驶时眩光的技术解决方案

带“棱镜梯形”的前照灯模型，专利 520487。

关于光学应用的一个法国专利如图 3.5 所示。这是一种界定塑料和玻璃储存器中所含液体美学特性的方法。在烧瓶或瓶子的壁上形成不同的光学元件，如透镜、棱镜等。

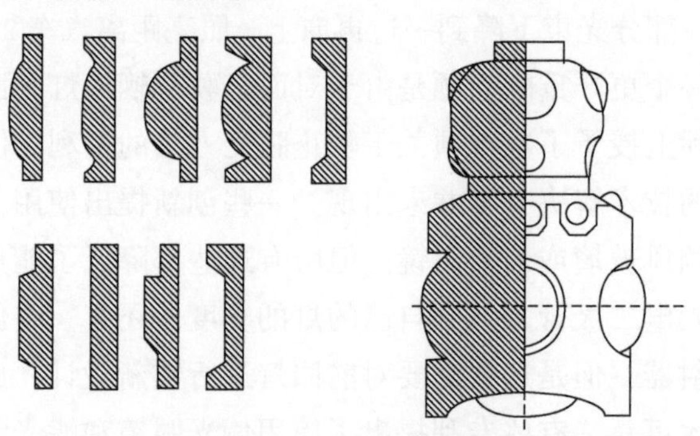

图 3.5　一个法国美学专利

通过储存器聚焦的透明液体的应用方法（法国专利 2595659）。

在美国，发明了“全息窗”。在玻璃上应用特定的全息结构，使房间里那些一直黑暗的部分被照亮了。这样的玻璃罩可以将太阳光反射到天花板而不是地板上，照亮了黑暗的角落。红外线的过滤可以保持房间的清新和凉爽。阳光甚至可以通过有反射墙的空气通道传递到没有窗户的房间，然后通过天花板上的洞分散开来。

根据所完成的功能对位置进行专门设计，将非均质物质划分为不同组分，用具有高实用功能的物质代替单独的部分。例如，水壶的一种现代组合具有内嵌的三层体：具有高导热性的铜基、不粘垢的薄内层特氟龙和发光并提供安全覆盖的外层电化学层。在日本，一种新型的廉价无序钢锉刀被研制出来，其表面覆盖着超硬陶瓷（碳化钒）。外层材料保护锉刀免受腐蚀，使其能够加工硬质合金并延长使用寿命 5 ~ 6 倍。在法国，铅酸蓄电池被生产出来。其重量是同类产品的 1/4，因为它们仅仅含有铅（铅比较重，因此被裁剪）的功能层，应用于玻璃和碳纤维。

在城市，玻璃表面经常变脏，即使经常清洗也不能保持很长时间。为了解决这个问题，在法国，发明了一个组合物“我解决”。应用于干燥玻璃表面后，防止雨水黏附、污染颗粒黏结、形成霜冻等。其化学性质是中性的，1 升的组合物足够用于 100 ~ 120 米^{2}的玻璃表面。

能独立完成所需功能的物质，即以自身或系统中可用的能量工作的物质，并不总是可用的。在这种情况下，物质内加入一个服务子系统。司机和行人都知道在阳光明媚的日子里区分交通灯信号不是那么容易。从彩色玻璃中反射出来的阳光会给出错误的信号。因此出现了具有黑色窗帘的交通灯专利：当灯（如红色）关闭时，其玻璃被自动幕帘覆盖。根据英国专利 1454386，这种灯的玻璃上覆盖着一层液晶薄膜，两边都有电极；当灯“关闭”时，液晶不会让光线通过，看起来像无光泽的黑色表面；当灯“打开”时，由流动电流产生的电场使晶体分子重新定向，帘幕变得透明。

子系统或复合物质迟早会再次卷积为物质。经历一轮扩展 – 卷积且获得新品质的物质，在具体技术系统（TS）提供高的主要有用功能（MUF），可以被称为第一类理想物质 [I（S1）]。

众所周知，紫外线抑制植物生长。尤其是温室植物对紫外线很敏感。铭记这一点，世界各地的专家都用轻薄滤光的薄膜覆盖温室的屋顶。紫外线被吸收并转化成热。研究还发现，波长在红 – 橙色区域的光对所有植物都有较好的影响。在生命活动过程中，它们能更好辅助转化化学能。但是不可能再用一块薄膜覆盖温室：光传输将大大降低。试图对玻璃应用两个相反的属性，即让紫外线不通过而红外线通过，失败了。该问题被 M.S. Kumakov 成功解决了。他研制了一种将紫外光转化为红外光的薄膜。因此，有害因素被消除，同时引入有用因素。该转换薄膜是在铕微剂量发光体的基础上利用发光体混合成聚合物，即 Polysvetan 膜，成果令人惊喜：番茄和黄瓜产量提高 50%，莴苣产量提高 20%，西瓜产量提高 60%。毫无疑问，Polysvetan 是一种 I（S1）。

3.3 扩展卷积波形接近理想度

将I(S)应用于扩展卷积波形，I(S)在扩展时可能增加也可能不增加，但是在卷积期间它肯定会增加。这是在时间轴上定位技术系统（TS）当前位置的一个关键。但是由于每次扩展都伴随着卷积，可以这样说，系统的理想度必须增加才能进化。所以这里就有了提高理想度法则。它是“技术系统进化法则”中的第八个也是最后一个法则。重申这一重要法则：所有系统的发展向着提高其理想度的方向进化。

一个理想的技术系统（TS），也称为最终理想解（IFR），其特征是无限或接近无限的理想度。换句话说，理想的技术系统(TS)是其质量、维度和能量（MDE）消耗趋于零，但是其履行工作的能力不会降低。在极限情况下，理想系统是不存在的，但其功能得以保存和实现。事实上，不存在是不可能的。近似理想的系统是质量、维度和能量（MDE）消耗是标称值但是主要有用功能（MUF）是超大（要求的）值的系统。以下是两个例子。

示例 1：通过传声器检测气体泄漏。

重要结论：通过更容易获得、更低价的技术系统（TS）替换昂贵的复杂测量技术系统（TS）来接近 IFR 的解决方案。主要有用功能（MUF）保持恒定。

在一个化工厂突然发现一个气体管道泄漏。气体几乎是透明的，所以目视检测是不可靠的。但由于属于易燃易爆的危险品，所以必须采取紧急行动。值班的工程师急忙到应急控制室去取气体检测仪。但没能找到。他做了什么？他在储藏室里寻找一个普通的麦克风，还好找到了。沿着管道可能泄漏的每个部分走一遍。发出“嘶嘶”声的位置就是泄漏的地方。一个两欧元的麦克风挽救了工厂。这种近似理想的技术系统（TS）的构造和使用产生了一个重要的建议。

识别所有可用的场、物质及作用。在这里，可听到的声波、浓度梯度场（引起扩散和不期望的传播）、物质转移（泄漏到环境中）是可用的资源。我们挑选的是第一个。

示例 2：太空船油箱。

主要特征：最终理想解（IFR）从物理上来看似乎是不可能或无法实现的，但是在将技术系统（TS）向解决方案理想化时必须将其牢记于心。

在太空中，失重状态下，太空飞行器油箱中的燃料会分解成液滴。大的和小的液滴在油箱空间里自由漂浮。在进气孔附近可能没有。燃料不能输送到燃烧室。可以采取什么解决方案？

最初提供了以下解决方案。

1）在打开基本发动机之前，先将另一个微型发动机（如使用气体）打开几秒钟。这款微型发动机推动燃油；将其定位在油箱的进气口。该解决方案是不可取的，因为它使得控制系统复杂化并降低整个太空飞船的可靠性。

2）油箱有两个隔室，被一个弹性隔板如隔膜分开。一边是燃料，另一边是气体。

在空间站加油的时候，气体被压缩。在太空中，在气体的作用下，膜将燃料推入进气口，直至油箱完全清空。这个方案也是被否定的。在加油过程中，燃料应在压力下输送，以压缩膜后的气体。由于压力较高，燃料中含有更多的溶解气体。在工作时，当燃料进入燃烧室时，溶解气体分解并形成气泡。这可能导致太空船的损坏。不建议在加油之前进行预先排气，因为排气会导致燃料分解而消失。所以，没有使用该方案。

IFR：燃料本身移动到进气孔，并始终位于附近位置。注意：推测燃料本身是否可能靠近孔径，如果是，如何进行对实现 IFR 没有影响。

采用的技术系统（TS）：图 3.6 有图解说明。

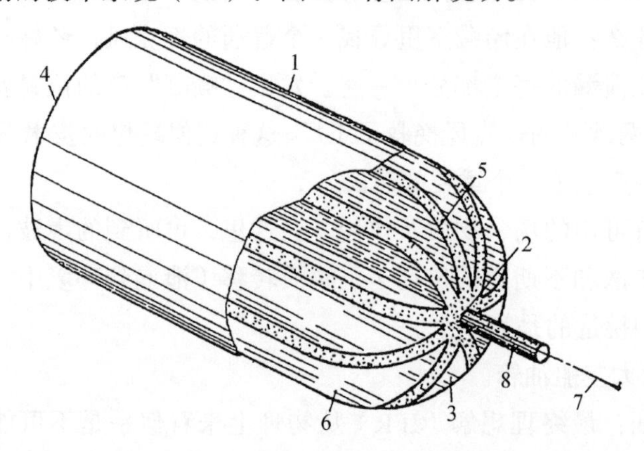

图 3.6　太空技术上的苏联专利（航空航天器油箱，俄罗斯专利 731886）

油箱上有带排泄孔 2 的圆柱形外壳 1，排泄孔 2 在底部 3 上（底部逐渐收口）。平底 4 位于对面。壳体内部有一个由多孔材料制成的空心块 4[①]（作为镍载体毡布），内部有纵向通道 6。多孔材料制成中空的弦。孔的直径沿排泄孔的方向逐渐减小。通道 6 的横截面为圆形，与槽的纵轴 7 成直角。由多孔材料制成的油绳 8 进入排泄孔。在失重状况下，通过沿着空心块 5 的孔隙的收缩方向作用的毛细管力，燃料排出油箱。燃料移动到排泄孔 2 并且通过油绳 8 输送到发动机。

所有系统，无论属于哪个领域，都倾向于实现 IFR。所以我们对于进化有一个可替代的、更具解释性的名称，也就是理想化。我们前期学到，技术系统（TS）的进化包括扩展和卷积的阶段交替。在技术系统（TS）沿着进化路线发展过程中，本节旨在追踪理想度因素 I（S）的动向，我们通过两个案例研究来实现这些：强光激光器的折射仪和反射镜。

3.3.1　案例研究 1：技术系统（TS）——折射仪

折射仪是一种测量光在透明或半透明介质（物质）中的折射值，从

①编辑注：疑为原文误，应为空心块 5。

而推算该介质折射率的仪器。为什么该测量如此重要？因为，指数值的任何变化对应于物质的几种物理化学性质的变化。因此，该指数的准确测量对于控制过程尤为重要。技术系统进化路线示意如图 3.7 所示。

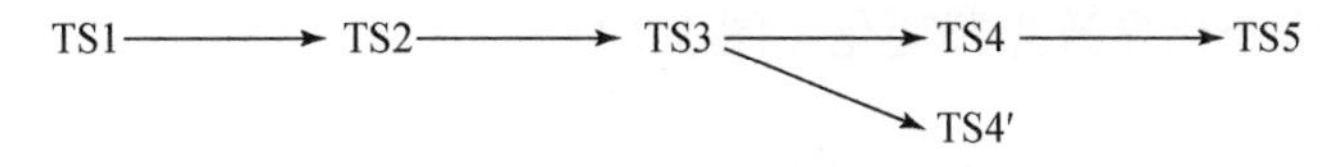

图 3.7 技术系统进化路线示意

TS1：以最简单的形式表示折射仪（图 3.8）。使用的测量装置自古以来就没有变过：如果一种物质是固体，就用它做一个棱镜；如果一种物质是液体，就把它倒进玻璃棱镜，然后让一束光线穿过它。射线会倾斜。记录这种偏角，并且将其具体光学性质定义为折射率。折射仪可以测量溶液、纸浆和悬浮液的气密性和浓度。因此，它们用于控制罐头、糖、酒精及其他行业的工艺。

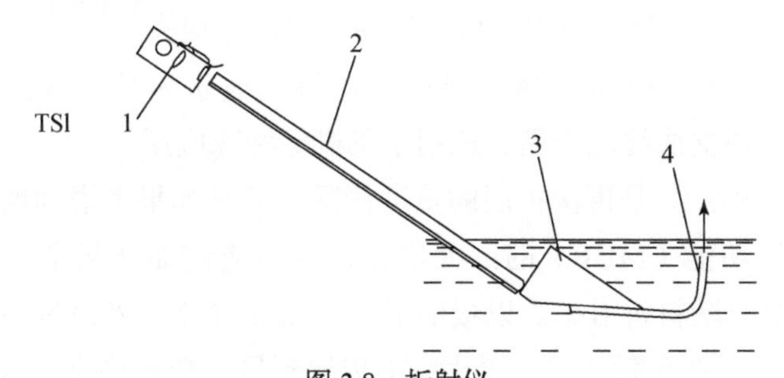

图 3.8 折射仪

1，脉冲光源；2，玻璃管；3，玻璃棱镜；4，光电探测器的光管。将折射仪浸入溶液中以测量密度。光通过棱镜的变化取决于液体密度。

在航空领域，折射计可以灵敏地测定和控制储存在油箱中的燃料的水污染。

TS2：TS1 表现出高度“扩展状态”①，所以系统开始卷积其进化波。棱镜被光导体吸收。或者，光导体早期只传导光，现在满足棱镜功能。无论选中什么视野，两个分力混合成一个。大致 U 形的光导体浸入液体

①在 TS1 之前存在的几种版本的 TS 均不一一在此讨论。我们的切入点是 TS1。

中。光从一端发出。另一端的光电检测器接收。成功转移的光能百分比取决于介质的折射率。

多余能量在哪里消失？其中一部分在介质中失去，另一部分被吸收。缺陷：液位变化导致光照变化（图 3.9）。

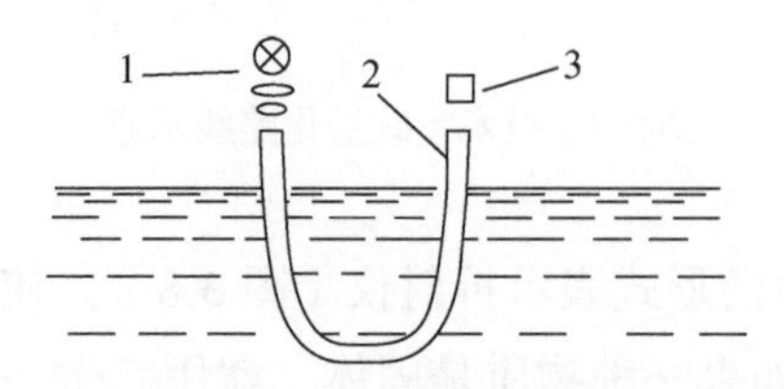

图 3.9　过程中折射计的进化（捷克专利 124740）

1，光源；2，光管；3，光电探测器。

TS3：光导体封闭在安全覆盖物中，仅仅较少（测量）部分未被覆盖。TS2 扩展到 TS3。然而，仍然有少数缺点：测量的精确度取决于光纤的直径，并且在光导体的折射区域，存在实际的光损失。

TS3 进化成 TS4 或 TS4′。虽然 TS4 可以被认为是 TS3 的下一步，TS4′则是一种支线终端产品，适用于飞机等特殊应用。

TS4′：图 3.10 是再次扩展的重度情况，但是如果考虑到增加敏感度的主要有用功能（MUF）的巨大增益，则不应该如此复杂。要测量飞机油箱 1 中的燃料折射率。以板的形式制成光导体。光通过高效（高达 100%）的全内部反射装置从源头一端传导到另一端被接收。电光材料在电场的影响下改变折射率。接收器将光转换成电流。控制块将电流引导到液晶电极，并将其中的折射改变为与液体相同的折射。精确度：可以达到 100% 的折射系数。缺点：设备器件稳定性受到诸如温度变化和电磁辐射等外部影响的限制。

TS4：具有偏置特性的多系统——部分卷积的情况（专利 994965）。图 3.11 只有一个光源和多个光导体。必须测量液体 6 的折射率。主光导体沿其长度具有线性降低的折射率。具有光导体的输出棱镜序列以 5mm 的间隔沿着主光导体安装。光从源头沿光导体以连续完整的内部反射的形式传导。通过输出棱镜和光导体，光源达到指示规模。在光导体的不

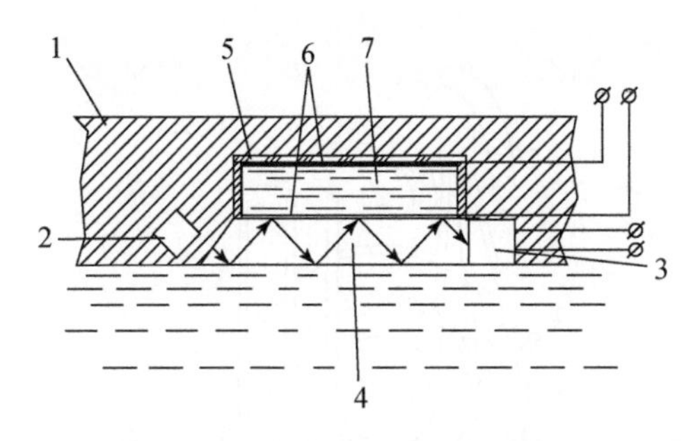

图 3.10 用于测量飞机燃料纯度的折射计专用版（专利 840711）

1，飞机油箱壁；2，光源；3，光接收器；4，平行双面板（光导体）；5，玻璃盖；6，玻璃上的两个透明电极；7，电光材料（液晶）。

同点位，折射率可以更高、相等或更低。在光导体的折射率值低于液体的点位处，光线进入液体，那里指示器刻度较暗。指示器上的光照和阴影边界位置定义了液体的折射率。测量精度比最佳折射计高一度。新增优点：不需要保护电磁辐射以及热补偿。

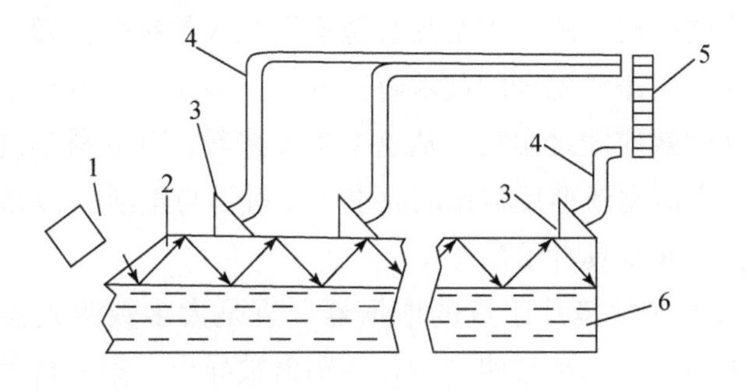

图 3.11 更多工艺

1，光源；2，水平光管；3，辐射输出棱镜；4，光管；5，指示刻度（光管侧面）；6，受控液体。

TS5：更加理想化的多系统——高水平卷积（专利 1225355，图 3.12）。

工作原理：对于每一种液体，光导体都存在弯曲半径，在弯曲半径处，光导体内部完全反射的条件被破坏。弯曲半径低于该临界半径的光导体的端部不会发光，而较大半径的光导体的端部会发光。光导体的端部形成指示器刻度。在这种具有偏置特性高度卷积的多系统中，留下不同光导体的光源和光束。

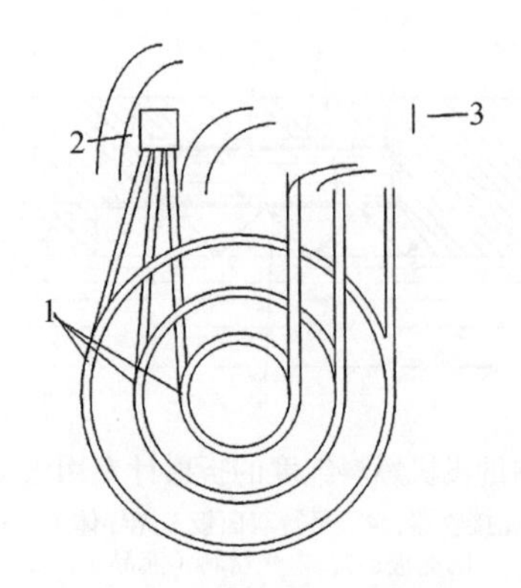

图 3.12　高度理想化机器

1，光管集；2，光源；3，指示刻度。

3.3.2　案例研究 2：技术系统（TS）——强激光的反射

缺乏关于这种规律的知识给社会造成了很大的损失。随着时间的推移，世界上的发明需要先进的技术解决方案，多孔毛细材料（CPM）的使用和所带来的效应随之出现。从这个角度来看，苏联科学院普通物理研究所为强激光研制新型反射镜的故事（《科学与生活》1985 年第 9 期第 20 ~ 53 页）非常具有示范意义。

至少由两个光学镜片组成的谐振器一直是大多数激光器的组成部分。通过其中一个，如半透明的镜片，辐射被导出。第一台发光二极管是传统的——镀银石英盘。但近年来，激光器的功率已经增长了成百上千倍甚至是百万倍。创建镜像的问题，能够在强辐射的影响下出现。这个问题成为改进高能激光器的重中之重。

即使镜子的光学表面非常好，也不能完全反射落在其上的辐射，其中约 1% 被吸收并变成热量。在高功率激光器中，这个 1% 足以使镜子出现热张力。它们扭曲反射表面的几何形状，使光线的精细聚焦失效（因此需要浓缩）。事实上，热变形导致相位断裂；激光不再是激光。

这些棘手的热变形有哪些限制？它不应超过激光辐射波长的 5% ~ 10%。对于波长长度 10.6 pm 的红外波段的 CO_2 激光器，畸变不应超过 1pm。如果手中拿着这样的射镜，几秒后，光学表面的变形就会超过允许的大小，因为由手传导的热量不均匀。但这是临时“损坏”——这些是弹性可逆的形变。除弹性形变之外，功率较大时可能发生塑性形变，然后镜面区域会被永久破坏。

将问题转换为功率挑战，需要制造一个能承受几千瓦的功率、延伸到 1 厘米 ^{2} 的表面。这个功率可以与太阳从其表面辐射的功率进行比较。这意味着如果我们把镜子放在太阳下，其变形不应该超过 1 微米。确实是个挑战！

物理学家这样认为：石英导热不良，因此应该改为使用金属。对于完全反射的镜子是可以的。但是对于半透明镜子，物理学家就不知所措了。他们最终决定使用金属，但进行了修改。圆盘中心的一个孔能够让辐射穿透。谐振腔的一端为孔腔。图 3.13 追溯了该技术系统的整体进化。

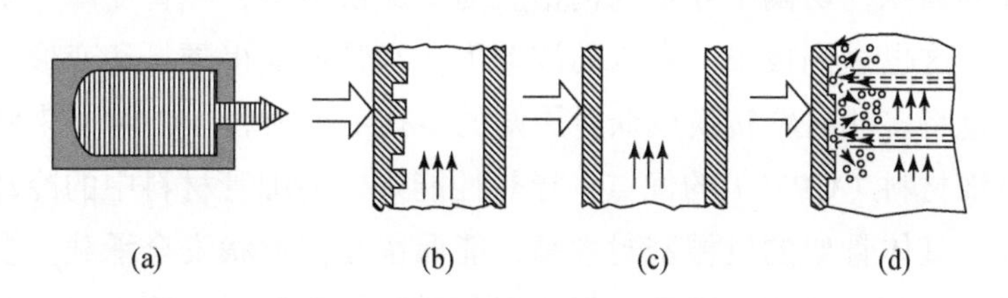

图 3.13 强激光滤镜的加工（示意）

a）谐振器组件单元，通过镜中的孔去除辐射。

b）具有通道结构的镜面，热载体的电流冷却棱纹壁。

c）镜子由热载体冷却，穿过钻孔材料。

d）水被渠道泵送到反射面，煮沸，液体和蒸气的混合物引起热载流的横向电流，冷却并从镜子中取出。

金属盘散热好，但是也有缺点：高热膨胀系数在光负载变化时改变了尺寸和形状；硬度低，所以难以打磨抛光。

插曲：将石英改变成金属作为技术解决方案似乎是疯狂的、奇怪的，且在制造滤镜时，震惊了光学专家。他们对未来更奇怪的惊喜知之甚少。

开始寻找更好的组合：金属、合金。几乎尝试了所有可大量使用的合金。作为这种探索的结果，光学工作量增加了十倍之多。战斗并未结束。

对光能的要求提高了。主要有用功能（MUF）增加，伴随了其热负荷的增加。金属导热率不能提供这种强大的热电流消耗。这个问题如何解决？

要求冷却，强制将移动液体的热量分散。加热体（反射镜）和冷却体（液体）之间的温度差异变大，散热速度更快。计算结果表明，当这种差异大小超过 1000℃时，问题将得到解决。这意味着镜子的温度应高于液体 1000℃。但这种温度对于金属镜是不可能的，因为在这样的温度下，光学表面的高质量不可能实现。矛盾：需要高温以实现良好的热传导，而为了几何形状的稳定性以及滤镜的其他光学特性，需要低温。

位点的专业化始于对于镜背面的关注——这是与流动液体交换能量的镜面部分。镜子背面的光滑表面不能提供所需的热分散强度。为扩大热传导的面积，切割了导水的沟槽。为了加快传热，导管变薄，水流速度提高。这也达到极限。在水的波动下，水管壁变得颤抖和变形。这种矛盾通过将多孔材料转换成众所周知的多孔毛细材料（CPM）来解决。多孔毛细材料（CPM）的优点：导热性能好，毛细管材料中的冷却液混合性好，基体骨架的机械密封性高，能保留几何形状安全承载。多孔毛细材料（CPM）应用于覆盖并抛光以将其转换为镜子。覆盖层的厚度为 100 ~ 500 微米，不能更厚，否则会保留热量。可能的应用方式是通过气相化学转移反应，即以原子级搜集。这意味着生长的表面大部分是平滑的——坡峰和坡谷不超过 0.1 纳米。后期处理，即抛光，粗糙度仅为 1/1000 微米。

但是人类再次不满足于此。激光变得强大，旧的主要有用功能（MUF）增加。随之而来，温度上升。因此，热载体的运动速度增加。然后呢？液体分子现在不是“浮动”，而是一定要“飞”起来。如何做到这个？矛盾：为了更好地散热，溶剂应为液体状态（高热容量）；应为气态以实现快速热交换（高速流入 - 流出）。解决方案是通过使用“在不同条件下分离物理矛盾”解决的。相变。在散热时，是液态的，在排气时为气态（蒸气）。液体被煮沸成蒸气，然后蒸气快速离开加热区。为了促进沸腾，应该在气体压力下进行加热。很好的一点是空气分子不会干扰蒸气颗粒的运动。热管！是的。作为液体，使用熔化的金属，它在汽化时带走了相当大一部分热量。蒸汽速度达到音速，但这是最后一个边界。

到此为止，这样的镜子上，散热强度达到了最大，可高达每平方厘米上万千瓦，确切来说达到了 100 千瓦 / 厘米 ^{2}。然后呢？主要有用功能（MUF）的增加是一个连续不停的过程。如何回收 1.0 千瓦 / 厘米 ^{2} 或 10 000 千瓦 / 厘米 ^{2} 的能量？

在这样的作用下，壁的厚度应该是极其小的——1 纳米甚至是 0.001 纳米，即基本上没有任何壁。镜子本身，无论是由地球上什么物质制成的，都将在 10 000℃的条件下消失在气体或等离子中。所以没有镜子，但是功能应该实现。这让我们想起来本书前面提到的 IFR 的处理。场（激光、电磁辐射）应该自己形成镜子。这种镜子一面由液体或气体制成，并不断更新表面。其改造是由激光本身完成的。声速之后的另一个物理限制是最根本的，即光速。以红外辐射的速度将热量撤回？激光功率可以增加几倍。技术系统（TS）的发展过程继续。

问题 6：生物学家发明了一种新型的紧凑型水培装置，用于在火星漫长的远征期间向宇航员提供新鲜蔬菜。设备的测试是在没有人参与的情况下以自动模式在轨道空间站进行的。长期以来，工程师无法解决装置中冷却循环液的问题（图 3.14）。

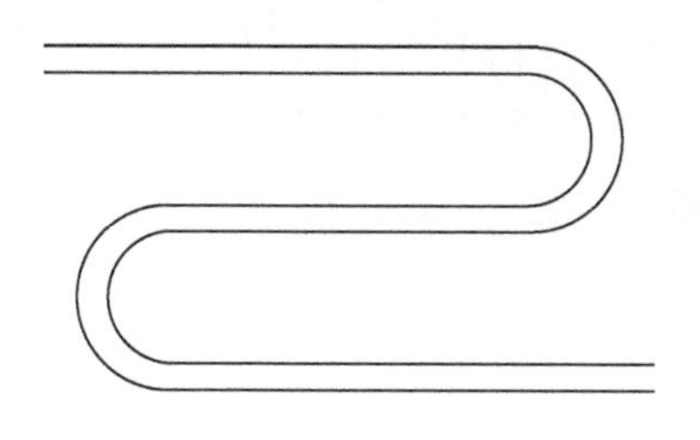

图 3.14　水培装置设计

植物在其生长过程中产生热量。这种热量必须散发出去。据估计，1 米 ^{2} 对于空气散热器来说是足够的。但是在确定的短时间内，这些植物会周期性产生 5 倍于通常的热量。并行安装 5 个这样的交换器是不可能的。原因不仅仅是重量增加。如果溶液穿过 5 个管，溶液运动速度会降为单管的 20%。固体组件也固定在管壁上。因此，这种方案是不可接受的。单个交换器的长度扩展 5 倍也是非常低效的；液压阻力、能量损失、重量等的消耗的增加都不允许。要求很明确：在热爆期，交换机的面积应该增加 5 倍。最终的技术解决方案是什么？

管壁上压制有钛 + 镍形状记忆合金翼片的热交换器诞生了。当温度升高时，翼片舒展开，冷却面积变为原面积的 5 倍，满足了短暂热爆期交换器冷却面积达到平时 5 倍的要求。

提供完美或接近完美的技术系统的几个案例。全面展开理想化是很明显的。

示例 1： 辐射测定器（专利 1026550，图 3.15）。放射性剂量仪为带涂膜的单晶片。单晶和薄膜具有不同的辐射诱导弹性系数值。受辐射影响，双系统，即单晶 + 薄膜，发生弯曲。一端的箭头表示辐射在刻度上的大小。物理效应：受辐射影响，材料紧密度和弹性系数在所涉及的弯曲角度范围内呈现线性变化。为了使性能再生，通过电流源将元件在 600 ~ 700℃的温度下加热 5 分钟。退火处理后，将板拉直。使用的材料有 $BeO-Al_2O_3$， SiO_2-Si 等。这里的技术系统——辐射测量计，完全由理想的物质制成。

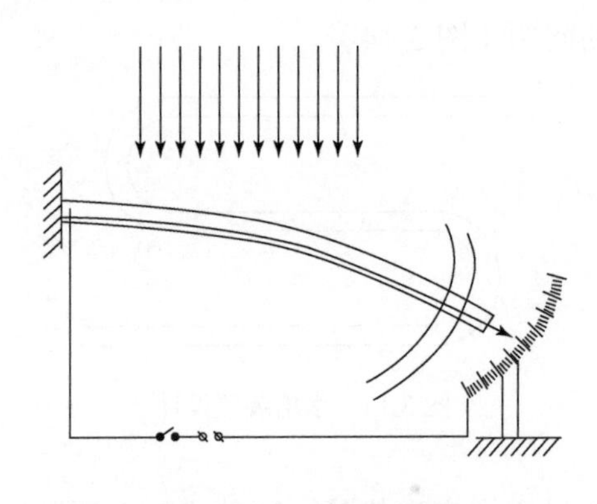

图 3.15　理想化辐射测量

示例 2： 机翼中的油箱。在 ANT-25 飞机的结构中，Tupolev 设法获得了无损的增益。两个大的铆接燃料箱，由于它们的庞大体积和重量，没有地方可以容纳，所以被放置在两个机翼中。每个油箱都被拉伸变形，即沿着整个机翼放置。飞行中的机翼受到来源于空气动力的强烈的张力。这些张力是垂直向上的。而燃料箱的力——重力是向下的。

两者相互补偿。结果证明由于卸载了机翼，机翼和油箱中使用的金属的重量也减少了。飞机总重量降低，速度提高。这个示例显示了子系统的叠加如何实现理想化。系统内有用的特性被相互叠加（图 3.16）。

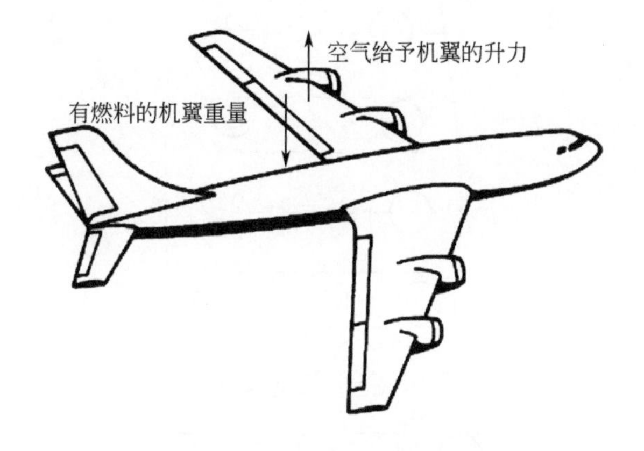

图 3.16　Tupolev 的作用

问题 7：有一个含有液体的池子。面积：25 米 ^{2}。深度：10 米。上层液体温度为 900℃以上，下层为 100℃以上。上层和下层的液体加热到这些温度的具体方法不重要。必须保证池子里液体温度是相同的。不能使用泵、激活剂等。这是一个核电站，很危险，靠近反应堆的一个位置；不能使用任何设备，因为它需要修理和维护。由于其低效率系数，也不能使用基于热电偶的装置。如何解决问题？记住：根据物理学的高温液体上升、低温液体下沉的原理。这个问题必须解决。

解决方案：发现的巧妙卷积是使用带记忆程序的 Ni + Ti 球。在 100℃条件下，为球形，漂浮在水中。900℃为压缩的球形，会沉入水中。

问题 8：对于着火的摩天大楼来说，最危险的事情是钢结构过热。在达到一定温度时，结构金属失去坚固度，变成塑性（总之就是废墟）。

如何防止这种情况？通常，该结构由图 3.17 所示的中空钢管和切割区构成。

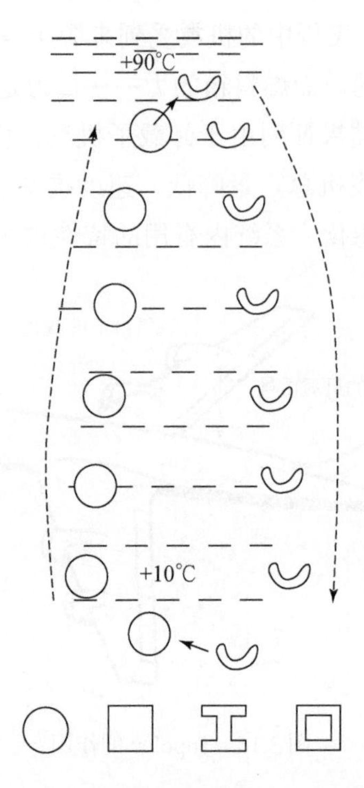

图 3.17 摩天大楼中管子的大致情况

非常传统的解决方案：一般通过在钢结构外部及钢或铝的表面覆盖耐火材料来处理。这是一个昂贵且耗时的过程。此外，这种“三明治”在长时间的火灾影响下也会失去作用。

现有解决方案：以美国采用的建筑设计为基础。基本原理是中和物质中过剩的场（热量）。建筑物的框架由填充水的空心钢结构构成，并与屋顶上的膨胀管相连接。为了延缓金属腐蚀，在水中加入钾盐。水在框架内自由循环。如果不幸发生火灾，或沸水和蒸汽形成了高压，则安全阀会开启，将其释放到大气中。除了保护层之外，还可以减少柱子，达到降低建筑成本的目的。

更理想的创新解决方案：基本原理是古老的、普遍的。哪里发生火灾，哪里就应该有大量的水。水本身应该移动到那里。无论何时何地，只要有高热和蒸发出现，水就应该很快地移动到那里。空心结构有多孔毛细材料（CPM）内衬。内衬蒸发时，水立即从各个方向流出。蒸汽沿着结构轴自由向上方移动。没有必要进行维护和操作。我们可以将这台机器作为专门设计的热管使用。于是高度卷积发生了。

3.4 卷积：图形视角

要实现一个功能，就需要一个材料对象，要么是这个，要么是那个。所以，如果技术系统（TS）消失（或收缩），其他系统［相邻的技术系统（TS）、超系统或子系统］应该代替消失的系统来完成这个功能。这意味着这些系统的一部分被改造，以便它们能够代替实现消失系统的功能。如果执行的"外来"功能与自身功能相似，则该系统的主要有用功能（MUF）就会发生简单的增长。如果功能不一致，则该系统功能数量就会增加。请注意，其他系统（相邻系统、超系统或子系统）在前面提到了。

总结一下。

系统（MDE）消失和 $F_n \sum$ MUF 增加是理想化的共同过程的两方面。这两方面可以单独出现——导致两种不同类型的理想化（图 3.18）。

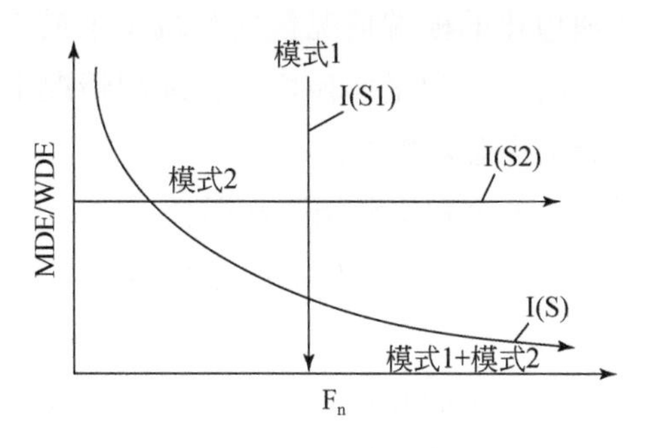

图 3.18 理论上的系统理想化

模式 1——I（S1），第一类理想化，当质量、维度和能量（MDE）消耗趋于零，且 $F_n \sum$ MUF 保持不变。

$$I(S1)=\lim_{MDE \to 0} \frac{F_n \sum MUF}{MDE} (F_n \sum MUF \text{不变})$$

模式 2——I（S2），第二类理想化，当 $F_n \sum MUF$ 增加，且质量、维度和能量（MDE）消耗不变。

$$I(S2)=\lim_{F_n \sum MUF \to \infty} \frac{F_n \sum MUF}{MDE} (MDE \text{不变})$$

$F_n \sum MUF$ 是主要有用功能（MUF）的总和或主要有用功能（MUF）的函数（导数）。如果主要有用功能（MUF）是单一的，它只能写成主要有用功能（MUF）。

因此，理想化可以通过模式 1 或模式 2 发生。模式 1 I（S1）和模式 2 I（S2）是否同时发生？当然，是的。在这种混合但最好的理想化方式中，质量、维度和能量（MDE）消耗减少和主要有用功能（MUF）增加的过程都将受到影响。我们称之为 I（S）。

$$I(S)=\lim_{\substack{F_n \sum MUF \to \infty \\ MDE \to 0}} \frac{F_n \sum MUF}{MDE}$$

因此，模式 1 I（S1）+ 模式 2 I（S2）= 混合模式 I（S）。

这意味着工程理想化的极端情况包括其减少（最终分析、消失），同时，系统能够满足的功能数量应该增加。理想情况下，实现人类和社会需要的功能与职能是不会发生的。

但正如他们所说，理论和实践相距甚远！

真正的技术系统（TS）理想化与上述路线不同。实际技术系统（TS）理想化如图 3.19 所示。

真实技术系统（TS）呈曲线 1，与 I（S）= 假设 TS 理想化的模式 1 + 假设 TS 理想化的模式 2 相同。但这一切都不是一闪即逝的。子系统、外围系统、超系统开始发展或在数量上增加。曲线 2 代表了这种“欺骗行为”。要诚实地计算一切，这种“欺骗”必须加以说明。换句话说，代表主要有用功能（MUF）与质量、维度和能量（MDE）消耗的函数

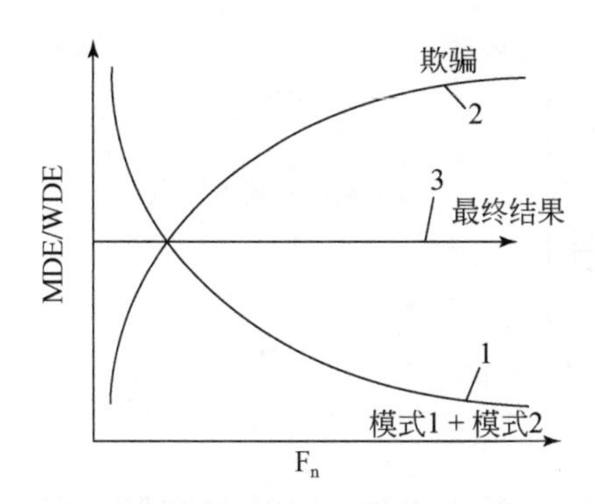

图 3.19　实用的系统理想化

曲线 1（Curve 1）应该加到代表外围 / 子系统 / 超系统的质量、维度和能量（MDE）消耗与主要有用功能（MUF）的函数曲线 2（Curve 2）上。曲线 3（Curve 3）表示最终的效果。

Curve 1 + Curve 2 = Curve 3

曲线3居然是直的。注意：它类似于假设系统理想化的模式2，I（S2）。

真正理想化（净值）→质量、维度和能量（MDE）消耗为常数，主要有用功能（MUF）增加

为什么这在技术上会发生？在技术上，质量、维度和能量（MDE）消耗增益，其数值会减少，这是在理想化的过程中获得的。所获得的增益又很快被花费在附加系统——相邻系统、超系统或子系统的创立、添加、发展上。航空、水运、军事工程等在经过曲线 1 后通常突出表现曲线 2 的形状。

在质量、维度和能量（MDE）消耗值不变且主要有用功能（MUF）增加时，实际的技术系统（TS）理想化过程与第二类理想化 I（S2）表面上类似。子系统整体遵循欺骗性曲线 2。有趣的是，单个子系统的质量、维度和能量（MDE）消耗减少，但这些子系统会翻 2 倍、3 倍，形成新的子系统等（图 3.20）。子系统独自遵循第一类理想化 I（S1），而所有子系统的总和遵循曲线 2（欺骗）。

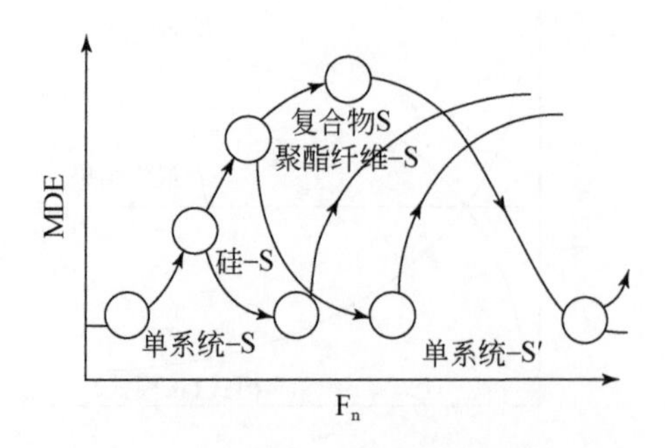

图 3.20　技术系统（TS）增长的普通模式

曲线 1、曲线 2、曲线 3 过程都会准时发生。曲线 1 和曲线 2 不会同时发生，而是彼此交替。所以技术系统（TS）（包含其子系统等）遵循曲线 1、曲线 2 等。曲线 3 现在变成了系统的平均时间的图形描述（图 3.21）。

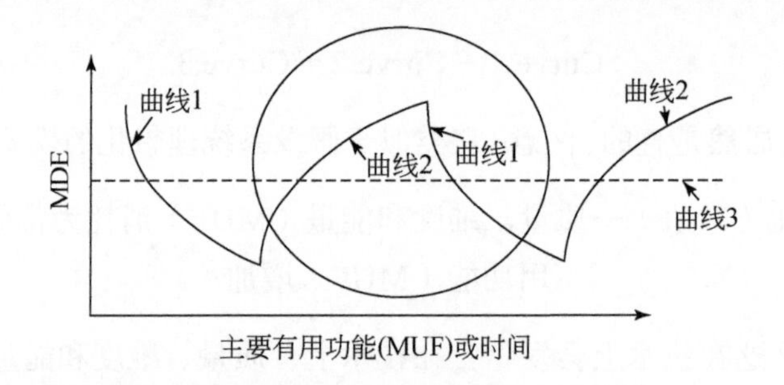

图 3.21　膨胀—收缩—膨胀的连续波形

现在，隔离部分被分离和检测（图 3.22）。

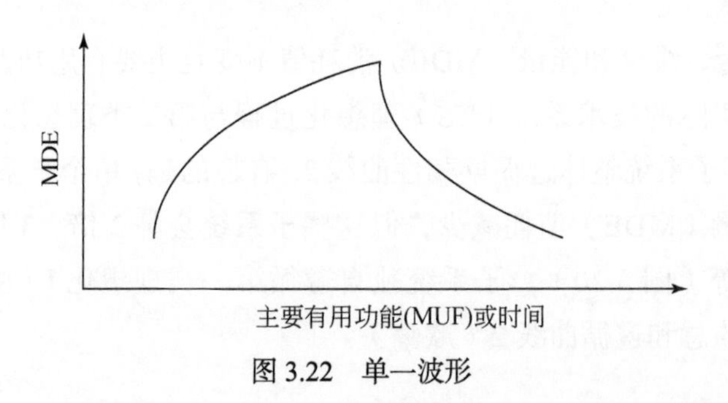

图 3.22　单一波形

绘制曲线 2 和曲线 1 上的包络曲线，形成一个虚线的最终曲线（图 3.20，图 3.23）。注意，随着收缩或卷积，它会延伸。它在曲线的后半部分，表示我们在本书中关注的卷积。

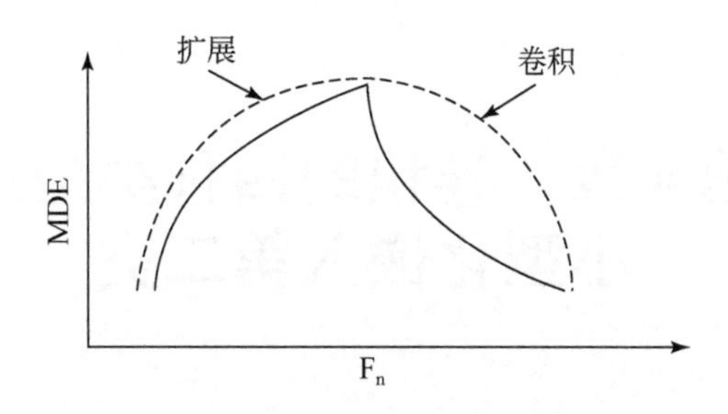

图 3.23　光滑的单出波形

第4章 卷积的四种类型：小型化嵌入第二类

与扩展、卷积相反，接下来我们会深入全面地捕捉技术系统（TS）的结构、组织和系统属性。这期间完全符合理想度提高的法则：技术系统（TS）降低其质量、维度和能量（MDE）消耗，同时增加其主要有用功能（MUF）。技术系统（TS）达到最大扩展点后，选择以四种类型中的任何一种进行收缩（卷积）。

1）子系统一部分设置在超系统中。

2）开发属于技术系统（TS）的子系统。

3）将技术系统（TS）转化成为其子系统之一。

4）将技术系统（TS）或其中一个子系统转换成为理想物质。

在真正的技术系统（TS）发展中，卷积过程可以发生在任何层次上（图4.1）。图形从上到下的层次依次是超系统（SS）、系统[技术系统（TS）]、子系统（Sub）和实体（S）。上面列出的不同的卷积方式中，技术系统（TS）（或其部分，即子系统或实体）沿不同方向转变，见图3.20中的箭头。该方案类似于布朗运动的混乱形象。虽然技术系统（TS）发展有明显的混乱状态，但最终的定位是一样的。无论初始技术系统（TS_A）如何进化，都必须达到最终技术系统（TS_B）的复杂状态。所以，虽然此过程符合系统部分进化不规则的法则，但理想化是确定的，且遵循提高技术系统理想度法则。

所有四种方式都生成了同样的最终技术系统，其特征在于质量、维

技术系统理想化的可能途径

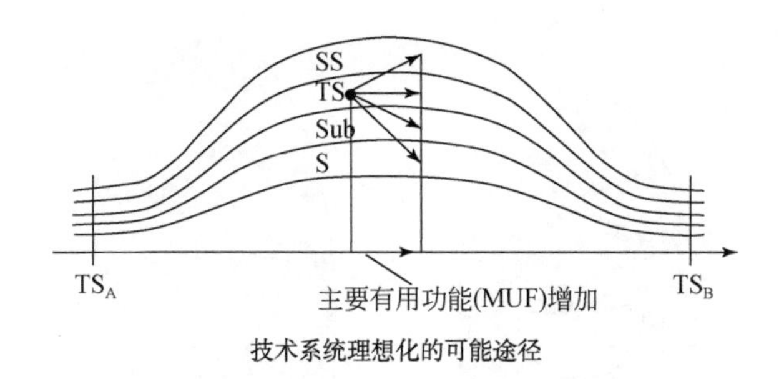

图 4.1 钟罩形技术系统（TS）理想化

度和能量（MDE）消耗较小和较高的主要有用功能（MUF）。

卷积的第一种形式——子系统或其部分 [该子系统属于技术系统（TS）] 或技术系统（TS）边界卷积位移，转换为作为超系统的组成部分的专用系统。

这种机制的独特在于以下特点。

a）技术系统（TS）元素数量的减少。

b）给定技术系统（TS）中质量、维度和能量（MDE）消耗的降低。

c）给定的技术系统（TS）的主要有用功能（MUF）由于两个因素的作用而增加。①系统会变得更简化，因为它必须更通用化、多功能化；结构和组织变得更简单，功能越来越好。②更高质量的相同功能（作用）从超系统进入，而非从取代系统进入。请记住，这个之前的子系统现在是超系统中的一个特定系统。

这种卷积方法有一个限制。技术系统（TS）中元素数量持续减少，直到执行单元保留。执行单元不能被淘汰，因为其消除意味着技术系统（TS）的终止。转化以后的子系统，将转换为专用系统，连接超系统以满足主要有用功能（MUF）（图 4.2）。

图 4.2 解释了以下几点。

1）子系统（1）→目前在技术系统（TS）之外，但在超系统之内的子系统（1′）。

2）卷积前的 TS（2）→卷积后的 TS（2′）。

3）卷积前的超系统（3）→卷积后的超系统（3′）。

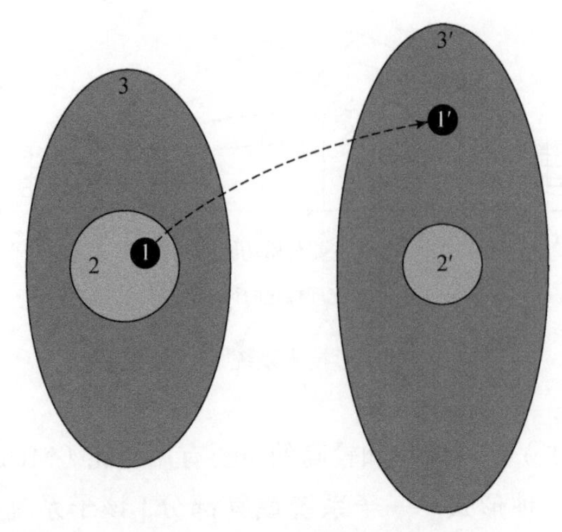

图 4.2　第一种类型的卷积

案例：在未来，比如 2025 年，汽车这个技术系统（TS）只有座位还会留在车内。所有其他部分将与道路连接。这些部分将表现为能源供应、控制等专门的节点系统。重要的是：①这种情况下，超系统由汽车[技术系统（TS）]+ 道路 + 交通信号等构成。②如果汽车作为技术系统（TS），座位为执行单元（WU）。那么座位作为产品，取而代之的是人。③在欧洲的很多技术大学，未来运输的新研究方向是配备发动机的道路。在他们的模型中，道路就像一个棋盘。车辆类似于棋子，只是座位较封闭，只能容纳一名成年人。

现代社会可以被认为是一个超系统：系统集体工作，每个技术系统（TS）不断地或周期地变为其节点（中心）。此处，社会单元人类是技术系统（TS）。超系统功能有换向、服务、电源供给、扫描、控制等。这是一个超系统下的多技术系统（TS）情况。

请参考图 4.2。最初，1′实现与 1 同样的功能。然而随着时间的推移，技术系统（TS）的数量增加——人口增长。量变不可避免地导致质变。随着时间推移，1 和 1′实现的功能之间差异增大。1′变得越来越高效。

这种现象在较高层次也起作用。例如，超超系统下的几个超系统，如电源供应、医疗设施、交通等。类型一的卷积应用供读者做练习。

最后，在这种类型的卷积中，主要有用功能（MUF）（在功能数量方面）还有进一步的增益。据我们所知，从技术系统（TS）中淘汰的子系统作为一个专用系统加入超系统中。加入后，整合“好的”，成为超系统。由于这种整合，出现了新的系统属性或质量。这种属性或质量进一步提高了主要有用功能（MUF）。以下案例即是证明。

第一个电话设备具有开关单元、能量源和用于与每个其他用户连接的电线。1878 年，在美国纽黑文市，出现了世界上第一个电话站。它具有类型设置切换字段，带有用于用户之间连接的插头。这样的地方网络迅速在城市蔓延。然后出现城市与国家之间的联系通道。需要中间放大器、自动交换机和很多其他设备。现代电话配备了内存、应答机、来电显示、传真等。具有在移动电话连接中继续在该系统中添加新功能的扩展过程。同时，子系统卷积过程发生，并将其转换成超系统。例如，人造卫星的网络在地面电话网络中吸收了大量的技术系统；电话站中的节点、切换器、放大器、电缆等必要性下降。电话网络是许多可用的信息系统的集合。这些系统有无线电、电视、互联网、邮政信箱等。可能在十年之后，也可能更早，所有这些都将并入并显示为统一的信息系统。

卷积的第二种形式——主要开发给定技术系统（TS）内的所有子系统的小型化，不需要将子系统转换为超系统。这种形式理想化的特点如下。

a）由于小型化，质量 M、维度 D 和能量 E 消耗减少；维度 D 的急剧减小导致质量 M 和能量 E 消耗降低。

b）主要有用功能（MUF）由于功能准确性的增加而增加。原因：①连接长度下降，降低了错误的可能性。②所需功率下降；质量、维度和能量（MDE）消耗部分的“E”下降。此外，许多有害影响消失。

c）系统元件的数量最终保持不变。但最后一步是将子系统连接到通用的单功能系统中。

在工程中迷你和微小型化最具特色的例子是电子在 20 世纪和 21 世纪的发展。这个过程的以下解释是众所周知的：“如果劳斯莱斯在 50 年内以与计算机相同的速度进行改进，那这款豪华汽车现在将值 2 美元，发动机容量为 0.5 米^3，每千米汽油消耗为 0.001 毫米^3。”

电子系统中的质量、维度和能量（MDE）消耗遵循以下路径：独立的细节—组装—微组装—微电子电路—高度集成芯片—维持基本信息服务 SBIS。元件基本上一直没有改变：同一组电阻、电容、半导体和感应元件。仅在过去几年中，由于单晶形式的电子块的发展和基于生物芯片的组装，出现了向基本新元素过渡的信号。

考虑此类印刷厂的未来卷积。所选书籍在书店内在客户面前直接打印。文字和插图直接由闪存驱动器读取。在接下来的几分钟内，页面由高速激光打印机打印出来，然后由自动装订线装订成册。

推荐阅读：美国麻省理工学院的 Eric Dreksle 开发的纳米技术。

卷积的第三种形式——将技术系统卷积成为单一子系统，主要是包含子系统的工作单元。这种卷积可以通过四种模式进行。

a）子系统接受技术系统（TS）的某些实质的功能。该物质不包括在技术系统（TS）中。

b）将两个子系统连接成一个。一个子系统消失。

c）将几个子系统连接成一个。

d）将几个技术系统（TS）合成为一个子系统。

子系统经常具有与本技术系统（TS）中另一部分已经使用的物质的性质相似的性质。必须将这种物质设置为默认形式，履行其子系统的功能。如果任何子系统没有这种必要的特性，则必须强制性按照所需方向转变。下面给出几个例子。

在澳大利亚，太阳能光电传感器以插入光敏电池的形式、采用透明塑料制成。在屋顶上紧固它们就像是紧固陶瓷、水泥或钢瓦一样。该瓦片作为正常的建筑砖瓦元件，且额外生产电力。

在日本，厚度不超过 0.1 毫米的电池使用强电解液开发。建议将这些电池放置在设备或设备的外壳（盖子）中。

在日本，家用电视天线以壁挂形式存在。照片由金属涂料印刷或使用薄铝箔制成。

在俄罗斯，开发了无加热环的厨房。金属炊具的底部作为加热环。一个闸流晶体管将交流电 AC 的频率从 50 赫兹转换为 20 000 赫兹。升压频率的电流是在主变压器线圈上传递的，用烹调炊具底部电磁作为次回路。效率达到 80% 左右。相比之下，传统方法，即线圈，效率不超过 20%。

加入子系统时，其中有些成为“主要的（子系统）”。它可以从其他子系统中执行附加功能。如果其中一个子系统是执行单元，它肯定成为“主要的（部分）”。它总是存在且不断改进。其他子系统似乎努力与执行单元（WU）合并；使用执行单元 (WU) 将它们“流动”到边界层附近的情况如下。

现代汽车的控制面板安装在可转向轮的圆形柱上。按钮放置的距离刚好让我们的手指能够接触到。

在日本，发明了电动调速的车窗，其中恒流电动机与主轴组合。驱动齿轮、齿轮、轴和套筒消失。

日本开发了带电力驱动的舷外发动机。螺丝和电动机最大限度地衔接在一起，并在舷外控制台上操作。

内置螺钉的螺旋桨是在欧洲制造的。船用的强力螺钉必须具有较大的直径和较少的匝数。同时，通用电动机的转子数量多，但转子直径较小。因此，使用巨大的减速齿轮和轴将电动机与螺旋桨相连。电动机和螺旋桨均承受较大的交变负荷。在这个创新中将执行单元（WU）（螺钉）加入了发动机。电动机的转子是一个螺钉，其中凸起由恒定的钴 - 钐磁体制成。定子以环的形式制成，覆盖螺旋叶片的端部。达到了质量、维度和能量（MDE）消耗等有害影响急剧下降（降噪）的目的。改变船的方向也很容易。配有直径 2.5 米的螺钉和 750 千瓦功率的样品就这样被制造了出来。

在测量系统中，执行单元（WU）是传感器。因此，测量技术系统（TS）的卷积在传感器连接所有部件的方向上流动。例如，整体传感器是结合了信号形成的敏感元件和电子电路的二氧化硅晶体。这样的传感器与之前的版本相比，具有较低的质量、维度和能量（MDE）消耗和较高的主要有用功能（MUF）。

甚至监狱也已经理想化了（费解）！在美国，由于许多州立监狱过于拥挤，普遍将没有被判严重罪行的人安置在家服刑。为了实施家庭控制，对犯人使用了现代电子设备。控制设备主要有两种类型——根据罪行的轻重程度分为主动的和被动的。主动设施，提供一个不断工作的发射机，将其内置于手环中放在犯罪者的脚踝上。在其公寓内，安装一个接收器，随机开启——它们通过电话电路传输信号到警察局的电脑上。发射机的质量只有 70 克。需要特殊的仪器才能将其从手环上提取出来，且在尝试割下或取下手环时，发射器会发出特殊信号。被动控制装置包括手环或脚环和自动查询设备。

扩展示例：电灯泡。两个异质性子系统卷积的强大例子。逐步理想化不一定按照如下时间顺序逐步发生。

a）在美国，一款经济型电灯获得了专利。在灯泡表面的内侧，在两层二氧化钛之间涂了一层薄薄的银。这三层不会阻止可见光通过，但可以反射红外线。因此创造了透明的反射镜。其形状与灯泡相同。因为这种灯泡故意做成椭圆形，所以反射镜也有同样的曲线。从灯丝发出的红外线向内反射，聚焦在灯丝上。除了电加热的主要作用外，灯丝又获得了额外热量。灯丝只消耗灯泡一半的电力，就得到了相同的光强度。这里主要的子系统就是灯丝。灯丝也是技术系统（TS）（灯泡）的执行单元（WU）。因此，技术系统（TS）的主要子系统是执行单元（WU）。辅助子系统是灯泡表面内侧的光学涂层。产品是光。在灯泡表面的内侧和灯丝之间，什么也没有。此空间只有光能存在。随着每个连续的理想化，灯丝将涂层拉近自身。此外，辅助子系统的很多功能都转移到灯丝上。

b）1925 年，苏联发明家 P.V. Bekhterev 开发了“带室内反射镜的电灯”。下面是发明者提出的推理的简介。在现有灯泡中，光线的分布是不合理的，即辐射的光能被低效地使用。通过正确使用来自灯泡表面的光的反射现象，可以显著地改善这一缺陷。搪瓷铁反射光弱，而镜面涂层会导致光线模糊，效果不佳。灯内部没有灰尘、苍蝇和氧化性气体。发明者介绍了不同类型的反射体：抛物面，凸起，凹面，装潢面，甚至灯泡内涂抹全酚。关于最后一个：具有棱柱形横截面的透明全酚玻璃一个接一个弯曲放置。灯泡内对着灯丝的内表面光滑，外表面呈棱纹状。灯泡内部进行反射。

插曲：将反射器与灯组合并将确定的几何形状应用于反射器的想法保持不变，进一步进行。

c）在美国，发明了在热反射钨丝上屏蔽聚焦辐射的灯。然而，在 2600 ~ 3000℃的温度下，钨开始蒸发并沉淀在灯泡上。灯泡变暗。

d）1975 年，在联邦德国，为了降低钨的螺旋线圈的温度，一种在加热时发出可见光的物质，被放置在灯泡内。

e）苏联专利，为了达到相同的目的，钨粉被氮化铝芯片覆盖。

插曲：在上述一些发明中，发明人试图利用红外线的有害能量来进行额外的螺旋加热。它们很快遇到钨在蒸发前所能承受的极限温度的限制。这是有利可图的，不是提高温度，而是降低供应螺旋加热的一次能源（电）的量。为了获得最大的效率，红外波段范围内的初始辐射百分比增加，而可见光范围内的初始辐射百分比降低。有趣的是，物理学本质上是协作的；在较低的电源下，灯泡从“淡黄色”变为“红橙色”。原因：在较低的工作电流下，灯丝温度较低。辐射能量总量不仅减弱，而且黑体发射光谱向低频（或更高波长）转移。因此，在 40 瓦（通过施加较低电压）条件下运行的 60 瓦、220 伏的灯泡不仅发光较少，而且其颜色更倾向于红橙色。如果在 60 瓦条件下运行，其灯光则变成发白的微黄色。因此，通过降低钨丝的温度，发射的红外辐射份额增加。

f）法国，1973 年，灯泡内表面涂有反射红外辐射的物质，红外辐射反射回灯丝，但传递可见光。一开始，灯泡发出 5% ~ 10% 的可见辐射和 90% ~ 95% 的红外辐射。红外辐射大量返回到灯丝提高了其温度。随着温度升高，灯丝转变为“白色”，更“可见”。

g）美国，创造出椭圆形灯泡，且其灯丝位于椭球的一个焦点上。这种设计确保主要部分更高的热能被传播。

h）美国，1978 年，创造出了球面面积小于椭球体的球形灯泡，而且焦点是一个而不是两个。中心放置了小尺寸发光体（灯丝或其他物体）。因为球体的中心是一个点，所以返回到发光体的热量很少。这样的发光体能限制灯的功率。

i）苏联，1983 年，专利 1023451（图 4.3a）。电灯灯泡是椭圆形的，且由光学透明材料制成。其内表面反射红外线，同时让可见光辐射通过。正如所料，发光体在灯泡内。它是螺旋灯丝。还有一个附加的组件——反射器，具有类似于灯泡的形状；它的凹面面对发光体。所示的椭球是由椭圆在其较小的对称轴上旋转形成的。在日食旋转时，很多焦点如 f_1 和 f_2 形成一个闭合的圆圈 f。螺旋的发光体自由盘绕成环形，且完全覆盖圆圈 f。在开灯时，发光体辐射可见或不可见（热）光束。热光束用实线表示，而反射光束用虚线表示。进入灯泡外（即房间）的可见光束用双线表示。反射的热光束返回到发光体的另一个焦点，成为额外的热源。沿螺旋长度的任何轴向截面，光束的传播是相同的。完美的几何重叠和光耦合提高了该装置的效率。

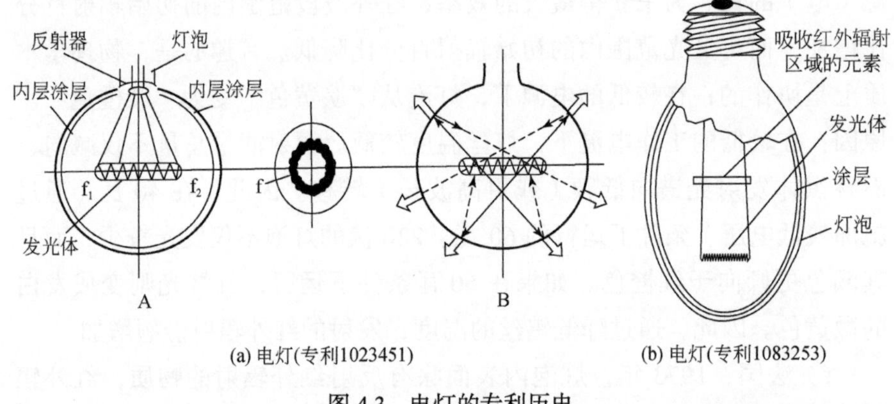

(a) 电灯(专利1023451)　　(b) 电灯(专利1083253)

图 4.3　电灯的专利历史

j）苏联，专利 1083253（图 4.3b）。为了增加制造过程中的发光量、降低精度要求，具有较强的红外辐射吸收系数的元素被固定。压制的硼硅化物、碳化物或氮化硅是该元素的材料。该元素的熔化温度可高达 3000 开。加热时，该灯泡辐射额外光，但不吸收多余的能量。在此，第二发光体是电介质。发明者的思考方向：钨丝可能只是起到红外能量辐射器的作用。可见光辐射的主要有用功能（MUF）由其他元素实现。功能可能区分为两种物质。这不包括钨丝快速蒸发的问题。

k）苏联，1984 年，专利 1100658（图 4.4）。发光体通过电网吸收红外辐射并辐射可见光的灯。电网与球的体积比为 1 ∶ 4 ~ 1 ∶ 3，发光体与电网的体积比为 1 ∶ 3 ~ 1 ∶ 1。电网的开口尺寸为 35 ~ 80 微米。电网由金属氧化物制成，红外范围黑度为 0.4 ~ 1.0。

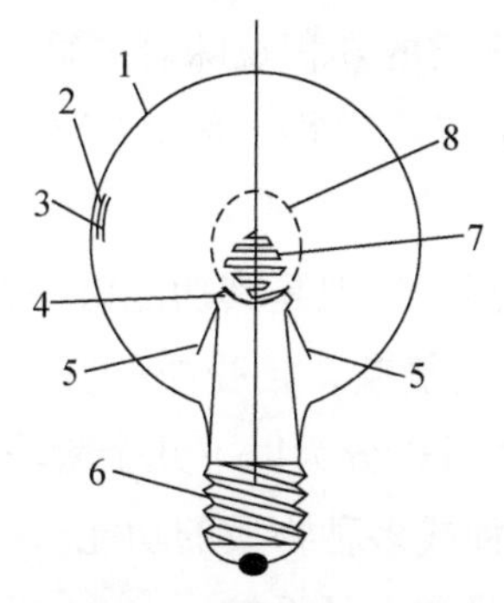

图 4.4　电灯专利的后续历史（专利 1100658）

1，球体；2，粗糙结构；3、4，红外反射盾；5，电流转移的元素；6，管脚；7，发光体；8，氧化物网。

灯泡以下列方式工作。发光体热度高达 2600 ~ 3000 开，辐射 4% ~ 9% 的可见光和 90% 以上的红外线。环绕气体，如氙，将热传递到电网 2。电网由锆、氧化钍或吸收红外辐射和辐射可见光的铪与铈制成。如果电网中开口小于 35 微米，则紫外辐射增加，若尺寸超过 80 微米，红外辐射增加。灯泡内表面的粗糙层是为了分散光。

1）苏联，1987 年，专利 1309120（图 4.5）。灯泡，内反射表面是由位于抛物线轴线与焦点环形线交点上的具有一般轴和一般焦点的抛物线的两个反向定向长度的旋转所形成的。

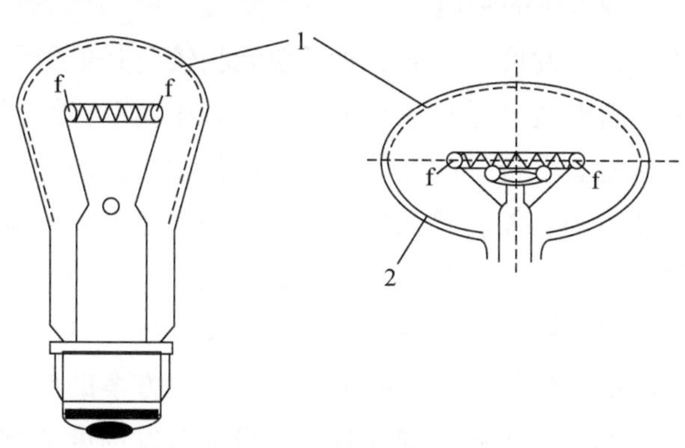

图 4.5　电灯历史上的高端专利（专利 1309120）

1，涂层，反射红外辐射；2，发射涂层。

技术系统（TS）卷积的第四种方式——以理想物质替代技术系统（TS）。

技术系统（TS）到物质的卷积意味着遵循完全模式或部分模式。部分模式分 a）、b）和 c）三步进行。部分模式的最后一步 c）等效于完全模式。

1）完全模式：系统消失，但是其功能由一种物质实现。

2）部分模式：物质变复杂，接受执行整个技术系统（TS）数量越来越多的功能。部分模式可以分为以下几个阶段。

a）一种物质取代两种或多种物质的功能。

b）一种通用物质取代多个子系统。

c）用理想物质（IS）代替整个技术系统（TS）。

使得理想物质能够实现高价值主要有用功能（MUF）的重要性能有以下几方面。

a）自我组织。

b）对外部环境变化应对的独立性。因此外部控制行为不存在或被最小化。

技术系统（TS）的预测演化可以称为通过理想化运算实现的物质的定向理想化。这个理想化运算是什么？一个或多个包含在一个子系统中的子系统，一步一步地把它们的功能转移到一种物质上，最后把整个子系统复杂化为一种特殊的物质。

作为系统最集中发展的部分，执行单元相较于其他单元在吸引最近物质和子系统方面更强。例如，在系统“狙击枪”中，执行单元是一个子弹。最近的子系统是枪管。枪管的其中一个功能是狙击，即让子弹转动。我们可以将这个装膛的功能转移到执行单元——子弹上。可能解决方案的一个例子：使用带有嵌入式存储器的材料制成的刀片的子弹头。这些刀片未被粉末气体的热量覆盖。刀片扭转子弹。飞行过程中，子弹冷却下来，刀片再次接近。枪管的另一个功能是散热。解决方案的例子：用多孔毛细材料（CPM）制成的子弹浸泡在具有预设的蒸发温度的物质中。孔隙是封闭的，只能从后侧打开。

问题 9：没有移动部件的风向标可以测量风向和风速。它由尺寸约为 0.5 毫米 ×0.5 毫米 ×0.1 毫米的二氧化硅芯片构成。四个热电偶放置在芯片的每一侧。二氧化硅板被下方均匀加热。加强硅板与风的接触，以便硅板渐渐冷却。敏感的热电偶检测到这一变化。吹到表面的风速越高，表面冷却的速度越快。10 ~ 60 米 / 秒的风速测量误差不超过 3%。电子计算风向和风速，并在小显示器上显示结果。固定的风向标是游艇驾驶员的福音。这款小型化技术系统（TS）能否进一步理想化?

此处什么是执行单元（WU）？屏幕显示风向和风速。技术系统（TS）还具有其他部件，如能量源、传感器（热电偶）、加热器、信号处理电子方案、信号处理装置的电缆连接屏幕等。

进一步理想化的方向如下。

a）增加有用功能的数量，如测量温度、湿度、时间等。

b）供电和能源子系统异常情况。例如，供电的外部来源应该由外部环境的来源代替——空气的催化分解，作为燃料元素的氧气和氢气，太阳辐射，轧制中的重力特性的变化等。

c）所有子系统都应该卷积到屏幕上，然后映入眼睛（或中间阶段——进入眼睛，进入眼睛瞳孔的微型投影仪）。

问题 10：采矿时的雷电火灾安全性（图 4.6）。甲烷是地下采煤过程中的永恒伴侣。在空气条件下，它形成高度可燃混合物。气体从矿井中排出，并通过特殊的高管（工程俚语——蜡烛）排入大气。

这些管道应足够高，以防止来自某些地上源如矿场附近频繁燃烧的废料堆的移动气体意外受到火花的碰撞。但是，最危险的是雷击。通常，闪电代表分支放电，其中一个分支可能击中外来气体。如果不幸发生，光速的火焰直接击中矿场的管道。在管道内侧，设有一个有爆炸性雷管和灭火器粉末的腔室，以防止发生这种情况。对于其操作，有一个自动定义雷击时刻的系统。雷击时，强烈的电脉冲被送到该雷管。稍后会发生燃烧、爆炸。为了控制该系统的执行，还有一个控制系统。两个系统的能量来自两个独立的能源，一个是电动主机，一个是柴油发动机。如何提高系统的理想度？这意味着大大提高可靠性并减少质量、维度和能

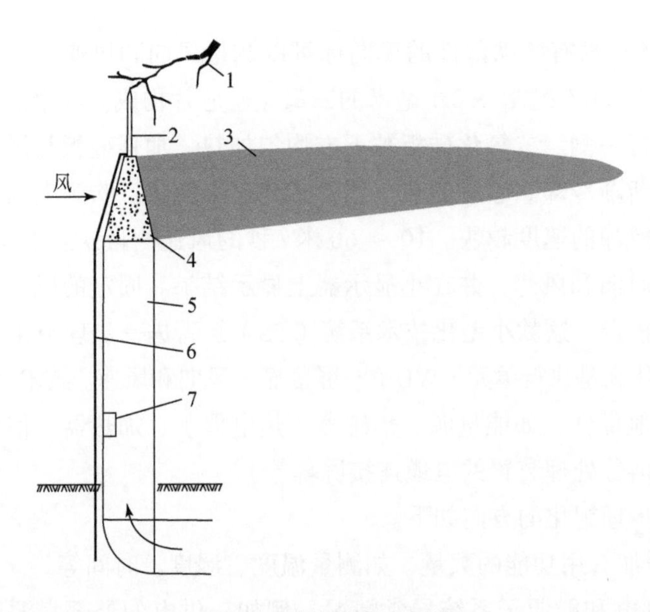

图 4.6　光电源雷电保护

1，雷电；2，避雷器；3，可燃性气体；4，放电管上部；5，真空管；6，接地电缆；7，爆炸性雷管和灭火器粉末室。

量（MDE）消耗。

一个巧妙的解决方案被提了出来：有必要使用超系统——闪电中免费的电荷场。在接地线缆和雷管之间，建立一个连接带。闪电本身烧伤这个套件并将火扑灭。谁说火不能灭火？

问题 11：输电干线、设备和装置的维修。

电工有时候没有穿上橡胶手套、高筒靴、头盔等工作服，也忘记了在开展工作之前检查有没有带电的物体。这是导致触电事故发生的主要原因。严格的指示、口头建议、海报等并不是总有帮助。采用袖珍装置，在电流源附近发射声信号——电场强度越高，信号越强。但这并不总是有用。限制因素产生了强烈噪音，工作人员养成了大声交涉的习惯。有必要提出一种免受电击的有效方法：即使电工愿意，他们也不能携带带电的电线。你的建议是什么？

在超系统中使用免费电场不适用于设备，而是指工作人员。解决方案之一：手上的手环或头盔上的电极。在进入强电场时，在电磁感应作用下，电流出现在金属中，并且作用在手或头的皮肤上。令人惊讶的是，作用在头部的电流使得工作人员因为惊吓而坐下来。解决方案之二：电极位于内衣内侧或肩部或肘部肌肉附近。非自愿的反射动作本身将手从附近的电线处推开。

第5章 技术历史上技术系统（TS）进化的总体方案

人类历史包含有限的开放和发明，其动摇了人口基础，且大力推动文明发展。这样的革命创新有以下几类。

取火。

石头工具的发明。

书写文字，印刷。

电力的使用。

发现没有质量转移的信息传输方式。

进入太空。

计算机信息处理技术。

生物技术和几何工程。

我们必须记住，所有这些事件在我们看来只是历史发展的跳跃。实际上，这些是人类活动所有领域或多或少主要有用功能（MUF）快速增长的时期。这些时期有以下表现。

a）涉及或大或小的力量和设施，以解决最重要的问题。

b）建立了解决问题缺乏的知识体系。

c）先前创造的发现和发明，以前看来是多余的且时间超前，现在都被认真考虑和使用。

这些技术系统（TS）发展的高级时期以主要有用功能（MUF）的跳跃和大幅度增长为代表，在此之前是技术系统（TS）停滞期，以减慢或完全停止主要有用功能（MUF）的增长为代表。

顺便说一句，在许多工程领域都已经注意到了这种发展缓慢的时期。我们仅列举其中几个。

a）19 世纪中叶 E. Khou 发明的一种缝纫机，每分钟缝制 300 针。如果缝制天然纤维布，现代机器的效率是每分钟 3000 ~ 3500 针。对于人造布料来说，这样的速度是惊人的；由于摩擦导致针被加热，会熔化聚合物。

b）100 年来，车床切削金属的平均速度从 2.8 米 / 分升至 115 米 / 分；但从 1965 年起，没有实质上的上升。

c）1965 年以来，常规火车的运动速度并没有增加。铁路运输的效率事实上是因为在几乎相同成本条件下，增加了火车的长度和重量。这不包括 TGV（高铁）或其他磁悬浮车辆。但无论如何，这些复杂的火车不超过铁路运输总量的 5%。

d）发电机效率的增长停止。热电厂和原子能 / 核电站约占 30%。

e）根据专家的说法，创造超过 250 万 ~ 300 万千瓦的发电器是不可能也不切实际的。

f）电力供电方式对其可能性的限制。其张力（电压）不得超过 2200 ~ 2500 千瓦。

g）传统材料如棉、羊毛、皮革、金属、合金、钢筋混凝土等的物理化学特性的增加已经达到上限。

h）各种作物的产量中，谷物已经接近其极限水平。

i）在动物育种中，技术手段的强化受到自然规律的自我约束。

诸如此类。这些和其他许多减缓迹象只是预示着人类活动的每一个领域都在加速发展。困难和矛盾终将被克服，新工艺、新方法和科学技术将会助推主要有用功能（MUF）的跳跃式发展。每个主要有用功能（MUF）都是通过使用在技术系统（TS）发展过程中获得的知识来实现的。这种知识是从科学的储存室提取的，或者是在问题的压力下有目的地创造出来的。随着时间的推移，主要有用功能（MUF）的增长会放缓，周而复始，循环往复。

因此，有理由谈论呈波浪形态的技术进化。关于一个波内一定程度的对称性的假设是可能的：在技术系统进化的八条法则中，有一些更适用于扩展的周期，而另一些则更适用于卷积阶段。（图 5.1）。重要的是要记住，系统的不同层次 [物质—子系统—技术系统（TS）—超系统] 可以在不同发展时期同时出现。例如，移动电话的技术系统（TS）可能正在扩展，但是与此同时，无线电话的超系统可能在卷积期间。

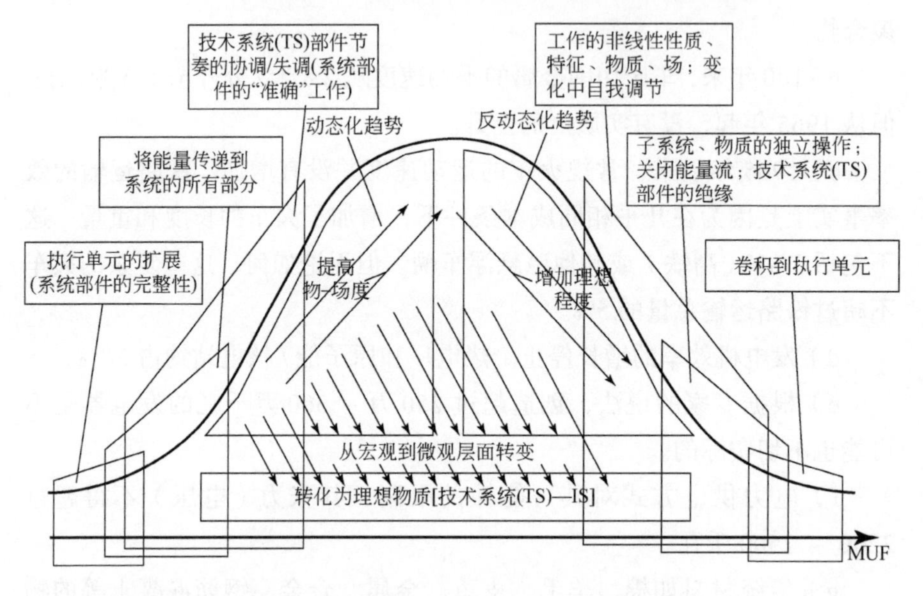

图 5.1 技术系统（TS）进化的总体曲线图

从第一次工业革命开始到今天，经济增长、创新、技术扩展的起伏都可以用几次波动或周期来描述。

1）在发展的第一个周期中，出现了诸如蒸汽机和织布机的发明。

2）发展的第二个周期——冶金，铁路运输。

3）发展的第三个周期——化工，电力，汽车运输。

4）第四个周期的技术基础有电子、高分子石油化工、航空工业。

5）正在进行的第五个周期基于陶瓷、半导体、激光、信息通信、空间研究、生物、人工智能、纳米和航天工业这些新技术。

一波的兴起始于前一波的衰退，萧条时期出现的一项或一组发明、创新会遭遇强烈的抵制。客观原因解释了对创新实施的强烈抵制。

没有设备设施；

今天必需品在当时看来效用值得怀疑；

多数创新不具备经济性；

原有的结构被打破，个人利益和理想抱负成为障碍。

然而，面临的阻力越大，被累积的上升意愿的力量越强。

问题 12：在美国（专利 4084157），火灾报警设备在室内温度升高时发生反应，并且会打开声音信号。该装置由容易熔化的物质（如镍+钛、石蜡等）的合金压缩弹簧组成。在发生火灾的情况下，物质熔化，弹簧拉伸并打开充气气球上的一个阀门。空气进入声音警报器并发出报警信号。

这个系统不是很可靠，因为火灾可能很多年不发生。在此期间，弹簧可能失去弹性，物质会损坏（如被氧化或分解）。此外，打开设备后，有必要为接下来的操作周期仔细准备，用压缩空气放置新气球，按压弹簧，用容易熔化的物质填充等。想想这个系统中哪些可以简化？如何提高操作的可靠性，减少元素的数量？换句话说，有必要改进这个系统或发明全新的系统。在此，你可以拥有众多完美的解决方案，因为有免费的资源——火灾中会出现热场。让它自我报警！你的解决方案是什么？

第 6 章 卷积和通过卷积裁剪

什么是裁剪？其结果与卷积相同。那么有什么区别？

a）卷积是技术系统中发生的一种现象；它是技术系统（TS）进化潮流中的一部分。裁剪是一种有目的地应用于技术系统（TS），以通过实现主要有用功能（MUF）中的特定增益和（或）从质量（M）、维度（D）和能量（E）（以下出现 M、D、E 均指这三项）消耗中减少所需的一个或全部方面而增加其理想度的方法。

b）如果执行正确，应该通过称为“创新设计（ID）”的系统进行裁剪。ID 中嵌入了一些包括卷积方法在内的 TRIZ 工具。很多时候，工程师用以下假冒方法欺骗客户：向客户展示裁剪，但是在后续的生产或处理中并未达到理想化。因此，打着裁剪、精益制造、碳减排、生态意识等旗号，如果不是太猖獗的话，欺骗行为是随处可见的。

c）裁剪规则是对卷积原则的重新表述。类似于四种类型的卷积，提出了四种基本的裁剪规则。

d）裁剪通常用于特定的技术系统（TS）、公司特殊产品或处理过程，以提升其商业活力和效率等。结果，更多时候，裁剪的步骤由发明者和组织多次分类，而不是公开，保留在保密条款下。卷积发生在通用技术系统（TS）中（显然是由人类发明家完成）。一个例子可以说明这个差异。在接下来的几年中，能耗相同却有两倍吸力，且可折叠成公文包等形式的无声真空吸尘器可能面世，这将通过卷积发生；它将会被记录在技术系统（TS）时间图上。另一方面，某一特定品牌的真空吸尘器的制造商可以向设计公司寻求在特定的操作条件下将体积减小 20%，噪音减少 30%。设计公司将招聘一个项目管理团队，该团队将会为客户裁剪该真空吸尘器的模型。

6.1 案例研究 1：高度卷积技术系统（TS）的直接发明

新技术系统（TS）是一个苹果多项分类机。

主要有用功能（MUF）是根据尺寸和瑕疵分离苹果。

以前的技术系统（TS）都太贵了，沉重，烦琐，无法进行多项任务分离。所以主要有用功能（MUF）很少，而有害功能（HE）很多。

工作：整体机器如图 6.1 所示，图 6.2、图 6.3 表示内盘的两种状态。内盘周边具有均匀隔开的狭缝，可通过滑动双门关闭或打开。这些门由半透镜制成。在打开位置，两个半透镜（半个门）消失在盘内。关闭时，两个半透镜（半个门）紧贴着，形成一个完整的透镜。换句话说，打开狭缝和普通的机械打开一样，在此处苹果可以通过。另一方面，闭合狭

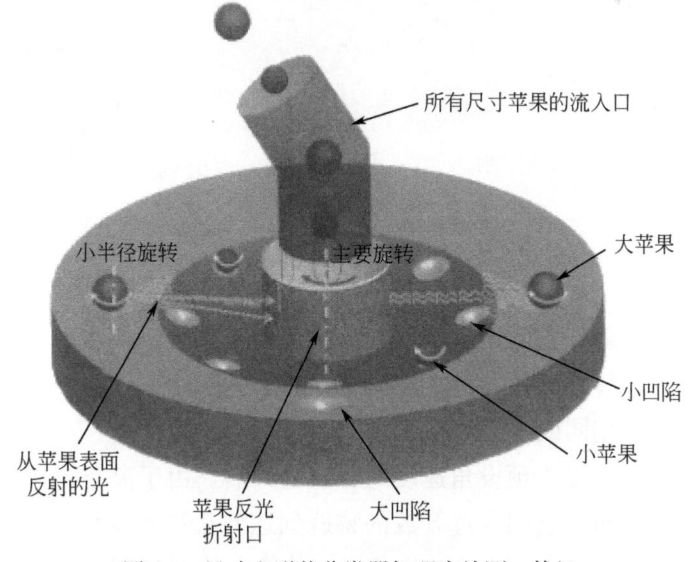

图 6.1 尺寸和形状分类器加瑕疵检测一体机

缝是机械屏障，但是是光学透明的。因此，狭缝门涉及两种物质场——机械场和光学场。

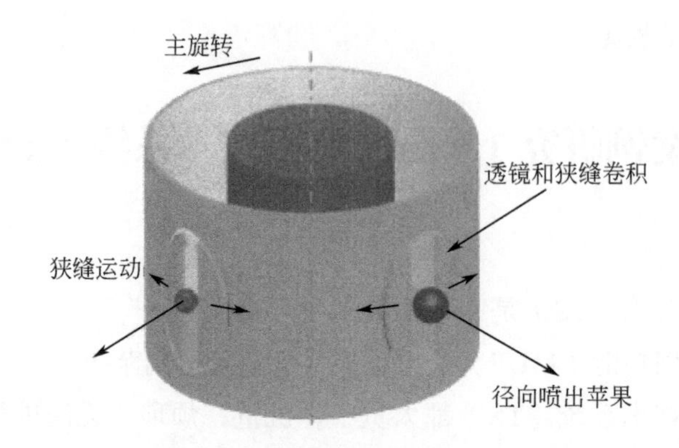

图 6.2　使用预设的间隙进行大小分类

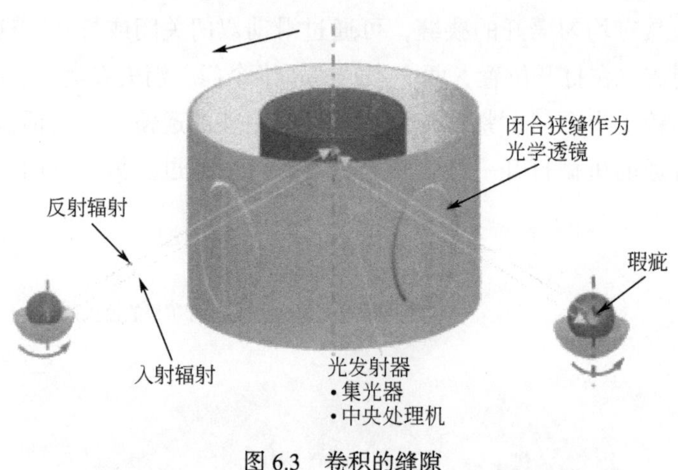

图 6.3　卷积的缝隙

最初，狭缝门关闭。混合尺寸的苹果通过软管倒入内盘。内部磁盘单独设置为旋转，或者内部磁盘和外部磁盘一起旋转。在后一种情况下，它们可以具有相同或不同的转速。

当磁盘达到最终预设角速度时，狭缝开启。由于离心力作用，苹果被径向向外抛出。它们穿过开放的狭缝到达外盘的上表面。这个表面轻微凹陷。在外盘的表面上，有两个（或多个）半球形凹陷小坑。外盘的凹陷较大；它们属于较大直径的半球形轮廓。相反，属于内盘的凹陷是较小半球的一部分。尺寸较小的苹果对应较小的凹陷。大尺寸的苹果“溢出”近处的小凹陷，落在远处更大的凹陷处；它们的半径使它们能够跨越较小的凹陷。苹果按大小分开。

内外盘的角速度现在相等。两者都可以休息了，在这种情况下它们的速度是零。狭缝门现已关闭。它们变成凸透镜。光束从位于内盘中心的发光源发射。这些光束通过透镜，到达苹果，并进行反射。反射光线再次通过这些相同的透镜，由太阳能电池或光电二极管收集。光信号转换为电信号。然后将它们转发到中央处理机。

这些凹陷，无论大的小的，现在都开始旋转。所以苹果，无论大小，也开始沿自己的轴线旋转。这样，透镜可以“查看”完整的苹果球形表面。在苹果颜色均匀、有少量瑕疵的情况下，来自该苹果的反射光（电信号）将具有相对于时间几乎均匀的图形。在高瑕疵的情况下，光输出（电信号）将变化很大。瑕疵分离得以实现。

在通用设备的技术系统（TS）发展中确定了以下卷积。

a）光学成像子系统和狭缝封闭开合子系统被一种理想物质所取代。在这种情况下，理想的物质是透光材料（如玻璃）的对切透镜。第四种类型的卷积发生。

b）围绕自己的轴旋转苹果的子系统继续发展。它以在主外盘（旋转平台）上切割的半球形碗的形式小型化。此处第二种类型的卷积发生。

6.2 案例研究 2：现有技术系统（TS）的裁剪

技术系统（TS）是车辆，如汽车。在这种情况下，主要有用功能（MUF）将得益于诸如巡航速度、机动性、安全性、乘坐舒适性等参数。在质量、维度和能量（MDE）消耗中，M 是车辆的质量，D 是车辆的尺寸，而 E 是驾驶（疲劳）过程中花费的燃料消耗 + 人力消耗。

裁剪是通过应用第 5 章所讨论的第二类卷积来完成的；缩减了一个、多个或所有技术系统（TS）的子系统。齿轮子系统被消除，其功能转移到车轮子系统。悬挂系统也被消除，其功能转移到车轮子系统。总体来说，消除了两个子系统，取而代之的是一个复杂的子系统（图 6.4，图 6.5）。

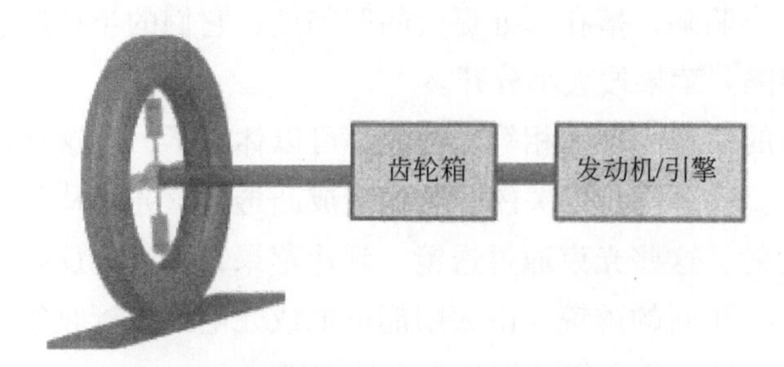

图 6.4　作为技术系统（TS）的车辆子系统

图 6.5　除去齿轮箱

可变半径车轮代替了标准固定半径车轮。在标准车轮中，半径几乎是固定的。几乎是因为轮胎气压的波动而发生微小的变化——但这些被忽略了。在我们的新车轮中，半径可以发生很大的变化：最大与最小半径比例可能为 3 ： 1。重新设计的车轮包含一个小型中心轮毂、几根辐条，几根辐条与每个轮辐断开，插入一个活塞缸结构中，高度膨胀的非充气轮胎在外侧。车轮子系统的其他部分包括作为空气管的空心轴、空气泵、控制器等。空气泵通过空心轴将所需空气输送到所有辐条的活塞缸。活塞随空气泵产生的气压发生膨胀。活塞的膨胀使辐条延长，从而将外橡胶轮胎扩展到所需的半径 R（图 6.6）。

图 6.6　车轮半径由气压设定

齿轮子系统完全不存在；其功能已经完全无误地转移到车轮子系统。因此，驱动子系统直接耦合到车轮子系统，而没有任何传动（或齿轮）子系统。这里所示的驱动子系统是基于电机的，电机也可以轻易地被标准汽油机代替。由于车轮和电机有共同的轴，两者始终都具有相同的角速度。

下面将使用线性和角度对力学进行一些近似研究，目的是真实地呈现卷积结果，而不是提供一个动态精确的数值解决方案！

车速如何？简单的动力学给出的关系如下：

$$V=\acute{\omega}\times R$$

式中，V 是车辆的线性速度；$\acute{\omega}$ 是车轮（或发动机）的角速度；R 是当时的车轮半径。我们给 $\acute{\omega}$ 一个给定的常数值。

$$\text{Thus},\ V\alpha R$$

假设，发动机始终提供恒定的机械功率，也就是 P。也可以假定，这个功率 P 100% 都转移到车轮上（这种传输中的消耗，即使是在这里也是可以忽略的）。应用于角速度的算式如下：

$$P=\acute{\omega}\times\Gamma$$

此处，Γ 代表可用于车辆牵引的角转矩。

牵引力从车轮转移到地面，此时需要加入 F

$$\Gamma=F\times R$$

结合上述所有线性关系，我们得到以下方程式：

$$F=(P/\acute{\omega} R)$$

P 、$\acute{\omega}$ 是恒定值，$F \alpha 1/R$。

换句话说，力和半径以反比例函数出现，而速度和半径以正比例函数出现（见第一个方程）。

当车辆启动时，空气压力保持最小值。此刻车轮半径 R 也小。当 R 值较低时，产生较高的 F 值。R 值较低时，V 值也较低。这就是我们想要的。这是车辆上 1 挡实现的。

随着车辆加速（与车轮的机械平衡），活塞中的空气压力升高。车轮半径扩大为 R。随着 R 增加，V 也增加但 F 减小。这就是我们想要的。也是车辆中 2 挡实现的。

下一个较高的挡位也是以这种方式“实现”。

这种卷积出现后，产生了有害影响（HE）。

第一个有害影响：在正常车辆中，离地间隙 H①和车轮半径 R 均由制造商给定。很多时候，制造商设置为 H② $= R$。我们假设这个等式成立（图 6.7）。在我们复杂的车辆中，根据定义，车辆半径 R 是一个变量。但是车辆运动期间 D 不会改变；你不会愿意坐在一辆高度是由车速度决定的车上的！因此，在这种情况下 $R \neq D$；R 可能改变，但 D 不会。如何实现？图 6.8、图 6.9 给出了一种可行的建议。车轮轴通过活塞 - 气缸往复运动机制从顶部固定。供给到车轮的空气或惰性气体的一部分被转移到该动态悬挂子系统。请注意，这种“其他方式”的悬挂子系统可以取代机箱处轮毂的传统悬挂。

图 6.7　$R=D$ 的情况

①②编辑注：此处应为原书误，应为 D。

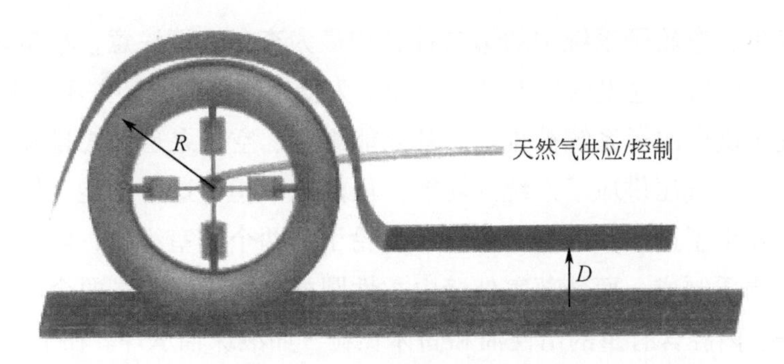

图 6.8 $R \neq D$ 的情况（其一）

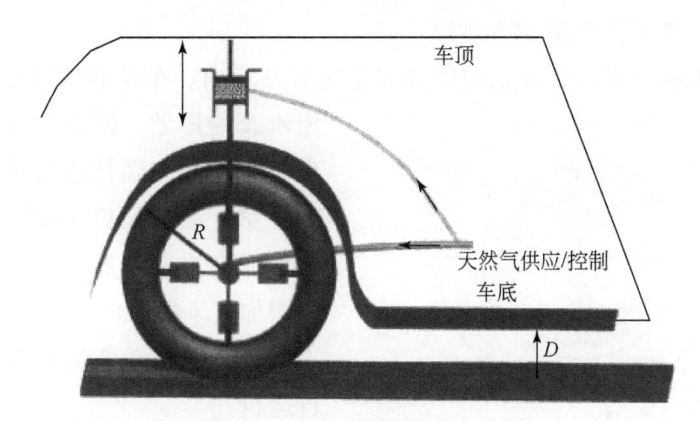

图 6.9 $R \neq D$ 的情况（其二）

第二个有害影响：车轮半径直接影响滚动运动阻力。在车轮半径可变的情况下，必须重新配置动力学关系，将 R 保持为可变（而不是常量）。

这种裁剪的额外好处如下。

1）车轮的辐条不再是刚性杆，它们的作用就像有一定钢性的弹簧。车轮作为一个整体，有一个新的特性：所有可能直径都有弹性。车轮对路面突发的局部颠簸的适应性会提高。

2）车辆的常规悬挂子系统可以消除或裁剪，因为其功能的部分 / 全部转移到车轮子系统 [如 1）所述]。

经常会发现，当 TRIZ 应用于技术系统（TS）以对其进行卷积时，期望的结果由一些额外的、自由的和更期望的结果补充。TRIZ 的潜力尚未开发。在进一步讨论之前，我们能确定卷积和上述裁剪中应用的类型。发生在车轮子系统中的第二种卷积最为充分。请注意，小型化是发展的必需阶段。这里的发展可以被标记为复杂性，而其实并不复杂。

气压供应的子系统被排除。其耗能组件、空气泵也随之排除。车轮子系统具有气压供应子系统的功能。虽然它承担了这个功能，但它被简化了。发生了进一步的卷积。较新的轮子由两个腔室组成，内腔由刚性圆柱形物质制成，而外部室外壁由柔性圆柱形物质制成。两个腔室由阀门隔开。内腔含有重的惰性油和固体颗粒，如滚珠轴承等。在下一阶段，我们可以选择具有合适的尺寸、质量等的铁颗粒作为固体颗粒；我们在暗示电磁物 - 场模型 SFM 吗？

车辆启动时，含有颗粒的油完全包含在室内。车轮的外室被放气，像汽车的爆胎。随着汽车加速，离心力使油和颗粒通过阀门移动到外室。油和颗粒一起沿径向向外的方向推动外腔的外壁——车轮增加其半径 R。

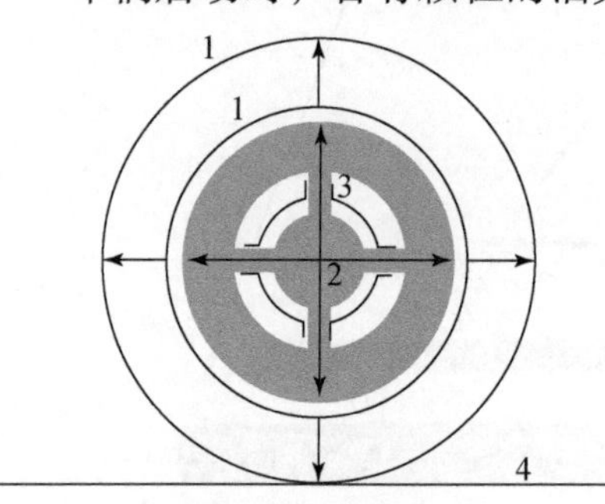

图 6.10　超裁剪车辆

1，弹性磁盘；2，球轴承油；3，阀门；4，马路。

车轮的转动能量被用于齿轮自运行。

在这种裁剪中，第四种卷积发生（图 6.10）。

6.3　街灯杆裁剪

技术系统（TS）是一个街灯杆。技术系统（TS）组成如下。

a）由金属或水泥制成的强力杆。

b）顶端电灯泡。

c）底部电源插座。

d）沿着灯杆内置式或旁置式的电线。

发明问题：电灯的修理和置换能力匮乏。具体细节：即使是一个小缺陷，也需要爬灯杆来检测和纠正。

技术系统（TS）的主要有用功能（MUF）：给部分路段照明。

在此给出创新设计的简要版本。

可以看出，灯杆是有用的过度功能和有害功能的来源（图 6.11）。灯杆需要更换/重新设计。灯杆由可以相互扭曲并捆扎以增加强度的一束光纤组成。光纤通过内部全反射原理传输光线，效率几乎达到 100%。扭曲或其他机械弯曲不会使光学效率降低。灯杆较轻，但足够坚固。灯泡安装在灯杆的顶端。光从杆底通过合适的扩散器射出到顶端。

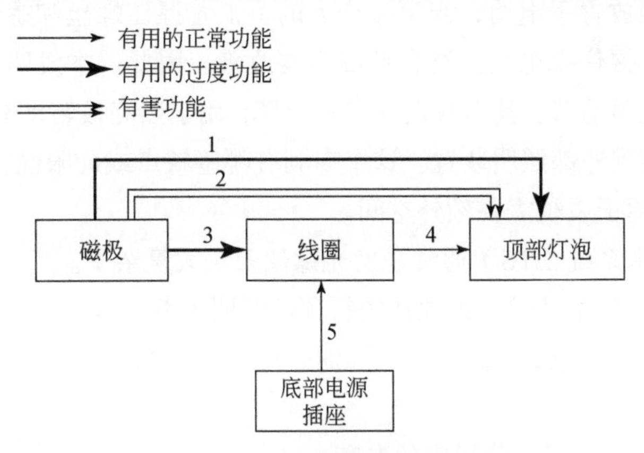

图 6.11　各种功能

1，保持；2，不易达到；3，保持；4，电源；5，电源。

灯杆发生第四种卷积。捆绑和扭转形式的光纤同时承受机械和电气负载。主要有用功能（MUF）维持不变但是质量、维度和能量（MDE）消耗减少很多。理想度明显提高（图 6.12）。

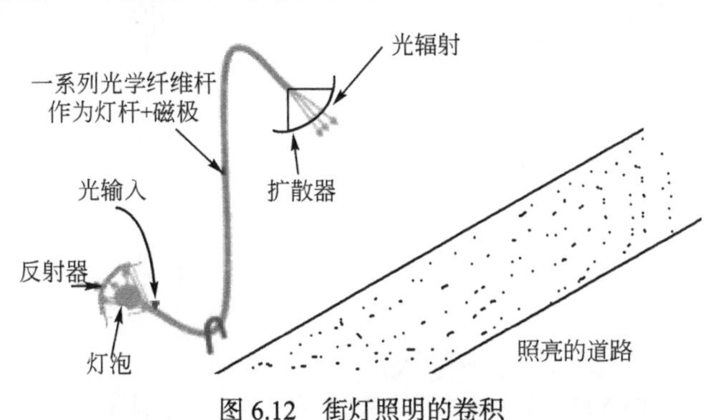

图 6.12　街灯照明的卷积

6.4 发光螺丝刀裁剪：纳米 LED 引导螺丝刀的发明

本发明总体是关于螺丝刀的，但它可以扩展到其他手动或手持式电动工具。尤其是，本发明主要是指迷你或微型螺丝刀。

存在的问题：众所周知，有时候人们必须要在黑暗的地方安装或拆卸螺丝，所以必须要使用单独的手电筒来完成任务。通常，该区域没有足够的空间放置手电筒，当第一个人的手忙着握住螺丝和螺丝刀时，需要第二个人握住手电筒。这种情况需要改善。因此，本发明的目的是提供一种螺旋驱动器，其本身设计了一个灯，用于照亮被转动的螺杆周围，从而不必使用外部照明装置。这个专利有哪些缺点或局限性？

1）照明子系统需要额外空间。

2）技术系统（TS）通常是发光螺丝刀，太复杂了。

3）光源高于螺丝，因此在螺钉顶部照明不够亮。

4）不适用于微型螺丝刀。特别是小型化，第二种卷积是受限或困难的。

图 6.13 展示了一些现有的专利。

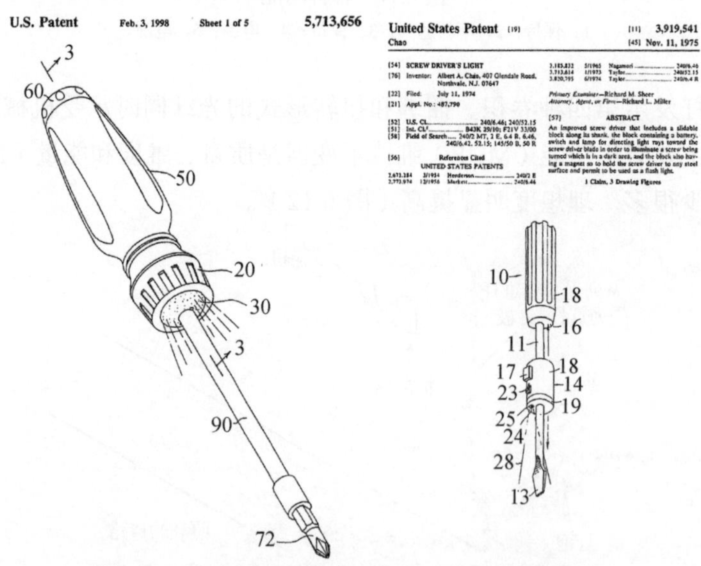

图 6.13　发光螺丝刀的现有专利（美国专利截图）

我们以定制的方式开始裁剪。我们以标准的螺丝刀作为技术系统（TS）开始，并且通过含有的照明功能来增强主要有用功能（MUF），而不是修剪指定的发光螺丝刀。策略是开发具有发光功能的复杂技术系统（TS）。这种复杂的结果可能被“考虑”作为常规照明螺丝刀的修订版本。

技术系统（TS）= 基本的螺丝刀（图 6.14）。

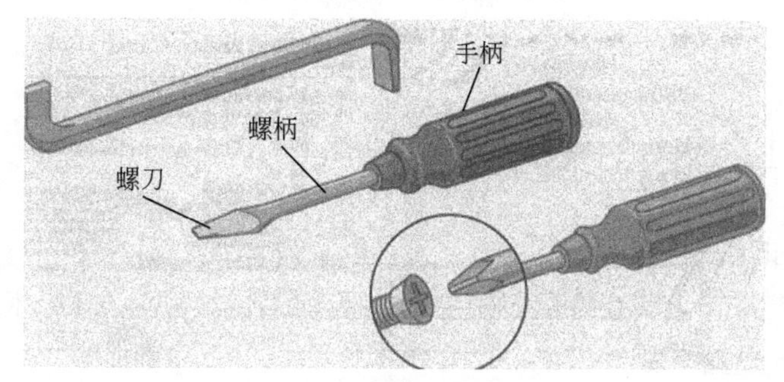

图 6.14　螺丝刀部件

主要有用功能（MUF）= 紧固螺丝、螺栓、类似机器部件。

超系统 = 技术系统（TS）+ 要紧固的螺栓（位于机器部件）+ 夜间使用的手电筒（有条件的相邻技术系统）。

环境 = 阳光或没有阳光的夜晚，重力。

发明问题 = 添加到现有主要有用功能（MUF），另一个功能是能够在恶劣的光线条件下工作，而不需要相邻技术系统（TS）的手电筒。

主要有用功能（MUF）（期望）= 在全光条件下拧紧螺丝 = 主要有用功能（MUF）1（紧固螺丝）+ 主要有用功能（MUF）2[通过技术系统（TS）提供光线]。

1）如果我们希望，我们可以保持技术系统（TS）的主要有用功能（MUF）不变，集中在超系统上。

2）在这种情况下，超系统可能已经实现了必要的照明主要有用功能（MUF）。例如，发光或镭涂层螺栓。

3）此外，在超系统中，主要有用功能（MUF）在所有光线条件下均能紧固螺丝。我们可以使用其他物理原理，如磁场、静电场等，这使我们能够将螺丝刀的尖端指向螺栓头部的精确面。我们可以除掉全部光源。已经磁化的螺丝刀尖端用于“抓住”螺栓、螺丝等。

4）但是我们避免超系统路线，只限于技术系统（TS）。

5）我们的技术系统（TS）= 螺丝刀，添加一个子系统——SS1。

6）子系统 SS1 的主要有用功能（MUF）= 给螺丝 / 螺栓照亮。

7）子系统 SS1 的部件如下：①光源；②光通路；③电池；④电源插座；⑤开关。

6.4.1 SS1 的发展

做出的选择如下。

a）光源 = 封装在螺丝刀柄中的纳米 LED，尺寸为 0.8 毫米。

b）光通路 = 螺丝刀柄。

c）电池 = 移位手柄。

d）电源插座 = 封闭并隐藏在手柄内。

e）开关 = 可以安装在任何地方。

6.4.2 技术系统（TS）部分修改以适应 SS1

a）处理由电池替代的子系统（SS）。电池刚性足够，可以承受由于螺丝刀压紧螺丝和转动硬质螺母而在压缩和剪切手柄时产生的应力。因此，这是可行的。

b）柄由中空管制成，通过全内折射有效地携带光。纤维玻璃或钢化玻璃都是可以的。将实心圆柱形替换成中空圆柱形的柄，其强度不会有很大的缺陷。大多数桌椅都有中空的管状腿。其优点还有减重。因此技术系统（TS）的质量、维度和能量（MDE）消耗下降。柄可以包住纳米 LED 和连接线。

c）一旦空心透明管代替实心钢，LED 可以通过拉拔电线而在柄内垂直上下移动。技术系统动态增长原则适用。

最终技术解决方案如图 6.15 所示。我们留给读者研究发生的卷积类型。

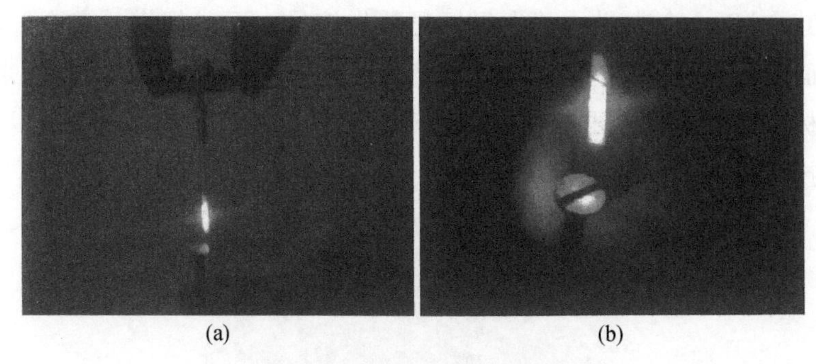

图 6.15　纳米 LED 技术螺丝刀

6.5　现有便携式高斯计的小型化

技术系统（TS）= 便携式高斯计（图 6.16）。

图 6.16　市售便携式高斯计

主要有用功能（MUF）= 在空间内的一点测量空间电磁场。如果超过限制，则发出警告信号。注意：主要有用功能（MUF）仅是单一的。超出时的警告不过是该主要有用功能（MUF）的必然结果。

现有高斯计的缺点如下。

1）需要额外电源，如电池。

2）太大，不便随时携带。

3）对于大众来说，基本目标是警告信号，而对规模（实力）和领域方面没有兴趣。所有显示刻度对于普通人来说是无用的。对他们来说，超出标准的警示是主要目标。

技术系统（TS）′= 毫米高斯计（图 6.17）。

图 6.17　毫米高斯计（高度小型化）

超系统：微波炉，附近的电磁场、人类、高斯计等产生有害电磁场的单元。

子系统如下。

子系统 SS1：电池和电源块子系统完全消失，也就是被消除。外部磁场本身成为电源。

子系统 SS2：显示器子系统（包括指针、刻度、后端检流计线圈等）由单个纳米 LED 的简单子系统取代。

子系统 SS3：分别在 x，y 和 z 轴上的三个不同组成线圈，由单个 3D 线圈取代。

子系统 SS4：消除了警告子系统（不同颜色的灯、哔哔声等）。其功能取决于子系统 SS2。

功能：电磁（EM）作为检测信号 + 能源。

配置：三个毫米线圈，x，y 和 z 轴每个方向一个，纳米 LED 都进行串联或并联。

图 6.18 表示下一个可能的卷积状态，即技术系统 TS″。三个单独的

线圈由单个 3D 线圈替代，其较松的一端连接到纳米 LED。线圈内的空闲空间部分用于制造纳米 LED 支架。通过光源（材料）置换部分空气不会影响光通量。剩余的空间可以用铁填充物填充。紧密度会增加，使系统牢固。另外，由于铁有更高的磁导率，电磁灵敏度提高。

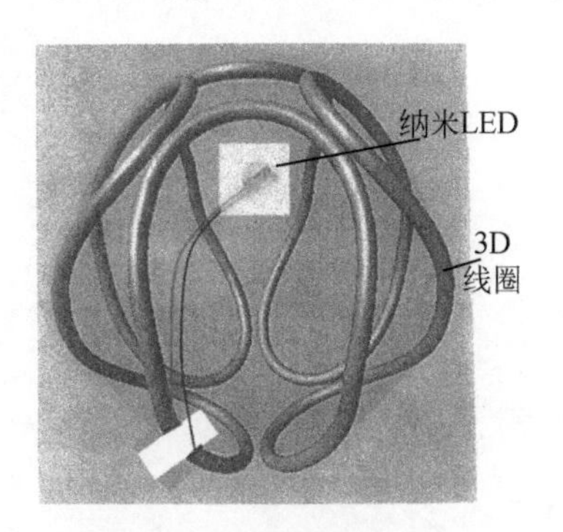

图 6.18　3D 线圈高斯计

通过用半导体雕刻的导体代替线圈，可能进一步卷积。我们称这个为技术系统 TS‴。读者可能会思考这些，并找出更确切的技术解决方案。再进一步可能是技术系统 TS⁗，其检测发生在人的生理水平，即血液中的离子发出危险的电磁场信号。

在此，可以通过以下类型的卷积来实现从技术系统 TS 裁剪到技术系统 TS′。

a）第一种卷积将电源子系统从技术系统 TS 引导到超系统。外部电磁场现在为高斯计，替代电池供电。

b）第二种卷积发生在现场检测子系统的开发中。现场检测子系统通过压缩比例小型化。

c）事实上，第三种卷积发生在现场检测子系统中，三个相互垂直的线圈成为整个技术系统 TS 的主要或大致上几乎唯一的部分。它几乎取代了技术系统 TS。

技术系统 TS′ 到技术系统 TS″ 是通过第二种卷积裁剪的；三个相互缠绕的线圈由一个单独的 3D 线圈代替。技术系统 TS″ 到技术系统 TS‴ 可能通过第四种和最佳类型的卷积裁剪来实现；大多数都是理想的物质。

6.6 发光风筝：卷积

技术系统（TS）= 风筝飞行。图 6.19 所示明显。

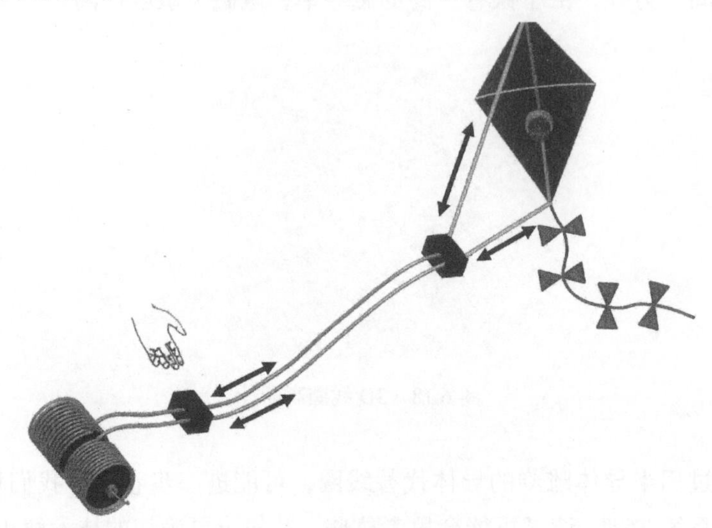

图 6.19 卷积和动态风筝飞行

主要有用功能（MUF）= 以放风筝为乐，或做广告。

额外的主要有用功能（MUF）= 发光风筝，更动态的控制。

子系统修改：阀芯电池，双线二合一为单线（扭股）电线。

添加的子系统：为了控制风筝的动态位置、风的迎角等，将线相互移动进行控制。

读者可能会将这种机电式风筝与他们所知的类型进行比较以识别卷积。

6.7 使用创新设计方法裁剪洗衣机

技术系统（TS）= 洗衣机。

项目目标如下。

主要目标：只洗涤较脏的一部分。不要因为因一次意外而溅到织物上的小点而使整个布料处于完整的洗涤周期。

其他目标：机器应更轻，运行更平稳，具有一定程度的自动化，内置反馈。

洗衣机的主要有用功能（MUF）（必需的）：局部清洁衣服。

清洁的定义：去除不必要的灰尘；将所有外来黏性 / 相邻 / 嵌入材料与织物分开。摆脱思维定式，拓宽视野，将注意力从“洗涤”上移开。洗涤只是通过水力介质清洁的方式。所以我们称洗衣机为清洁机。

要提高理想度，我们必须将主要有用功能（MUF）最大化，同时减少所有有害影响。

限制条件：无。

可接受的技术系统（TS）改变的程度：可以创建新的技术系统。

解决方案发明等级（1 ~ 5）：越高越好。

主要有用功能（MUF）实现检测：对比预洗和洗后衣物的光学图像。所以物理上，这是一个发光的测量。因此光学子系统可以添加到技术系统（TS）中。

历史、结构和参数分析：洗衣机的点子可以追溯到很久以前。几个世纪以来，海上航行者将脏衣服装在一个厚袋子里，将其扔到外面，让船拖动袋子几个小时。原理很好：迫使水流过衣服将污垢清除。机器或结构意识上的洗衣机出现在 18 世纪。从搓衣板到半自动洗衣机到现代全自动洗烘一体机，发展还在继续。

常规洗衣机科学原理如下。

水（物质）——用于化学和机械传动的介质。

洗涤剂（物质）——化学添加剂。

由水搅动引起的擦洗的物理作用——机械场。

洗涤剂溶液对脏污的化学作用——化学场。

标准洗衣机部件如图 6.20 所示。

1）进水控制阀：水入口附近有进水控制阀。当将衣物装入洗衣机时，此阀自动打开，并根据所需水量的总量自动关闭。进水控制阀实际上是电磁阀。

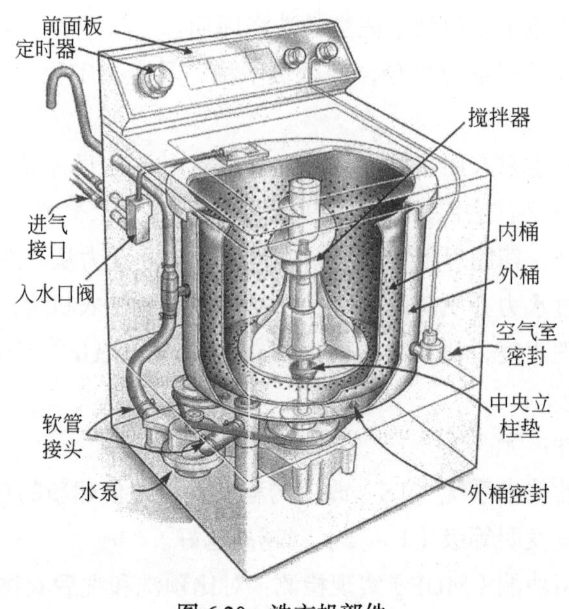

图 6.20　洗衣机部件

2）水泵：水泵使水通过洗衣机循环。它在两个方向上工作，洗涤期间使水循环，甩干期间进行排水。

3）桶：洗衣机里面有两种类型的桶——内桶和外桶。衣服装在内桶内，衣服被洗涤、漂洗和甩干。内桶上有用于排水的小孔。外桶覆盖内桶并在洗涤衣物的各个环节支撑它。

4）搅拌器或旋转盘：搅拌器位于洗衣机的桶内。它是洗衣机的重要部分，进行实际衣物洗涤操作。在洗涤循环期间，搅拌器连续旋转，并在水中产生强烈的旋转水流，因此，衣物也在桶内旋转。衣服在含有洗涤剂的水中的旋转使得污垢颗粒能够从衣物纤维上脱落。因此，搅拌器执行最重要的功能，使衣服彼此摩擦，以及与水进行摩擦。

在一些洗衣机中，有一个上部包含叶片的盘，替代长搅拌器。盘和叶片的旋转在水中产生强烈的旋转水流并且有助于在摩擦时除去衣服上的污垢。

5）洗衣机电机：电机连接到搅拌器或盘上，产生旋转运动。这些是变速电机，其速度可以根据要求进行更改。在全自动洗衣机中，电动机的转速即搅拌器的速度，其会根据洗衣机的负荷自动改变。

6）定时。定时有助于手动设置衣服的洗涤时间。在自动模式下，根据洗衣机内的衣服数量自动设定时间。

7）印刷电路板（PCB）：PCB 包括各种电子元件和电路，根据负载条件（洗衣机中装入的衣服的状态和数量）以独特的方式进行编程。它们是一种人工智能设备，可以感知各种外部条件并作出相应的决策。这些也被称为模糊逻辑系统。因此，PCB 将计算衣服的总重量，并计算出所需的水和洗涤剂的数量以及洗衣服所需的总时间。然后决定洗涤和漂洗所需的时间。

8）排水管：排水管能排出洗涤后的污水。

生物工程中实现清洁的平行区域。

1)牙医。人类每天刷牙。动物定期清洁牙齿不靠牙刷，是唾液的力量。在牙齿清洁中，牙齿是固定的，只有溶液（唾液 + 水 + 牙膏）移动。

2）衣服的面料，如棉。在编织成面料之前，如何清洁棉花？因此，我们分析了同一物质在生产过程早期的净化性能。

3）其他肥皂清洗操作。像擦地板、洗碗碟、洗澡等。都是采用雨水自然清洁的想法。

清洁衣物的技术功能→广泛的技术功能：通过助洗剂、柔软剂、增白剂（助剂）等添加剂将特定物质（布）中的诸如颜色、油脂、粉尘等的外来有害物质分离出来，其应用领域有机械（旋转）、热力、超声波等。

问题 13：应用的场并没有被准确测量。它们不受控制。

解决方案 1：使用更多可控计算机机械场或从机械场变为电磁场以加强控制。

解决方案 1.1：通过自动机器人清扫机进行地板清洗。它们可以覆盖整个区域而不重叠。高效率→使用微处理器实时控制水和（或）衣服的运动→现代洗衣机是微处理器控制的，但是在宏观层面上是模糊的。在微观层面上有更多的控制力。

解决方案 1.2：污染控制中的静电除尘器。安装在烟囱中→让衣服和灰尘反向放电并通过离子排斥分离→羊毛在穿着或脱掉时会产生火花。在清洁中使用这种效用需要进一步的研究。

问题 14：使用的物质——水、洗涤剂都不具备很高的差异性。

解决方案 2：需要化学性能更特别的物质，不管是更好的物质还是更好的混合物。

解决方案 2.1：在干洗过程中，将石油产品代替水使用→使用酒精或石油产品清洗可以进行检测→可以制造由气体、汽油构成溶剂的洗衣机。

解决方案 2.2：使用不同溶剂或化学品顺序进行地毯清洁→可以制造出连续工作的洗衣机吗？即使到现在为止，在洗涤循环的后半部分也添加了软化剂→可以探索在不同循环中使用不同化学物质的复杂循环洗衣机。

有些科幻故事很幽默！在《查理偕游记》一书中，作者约翰·斯坦贝克（诺贝尔奖获得者）描述了他在旅行时放在卡车后面的一台洗衣机。如果我没记错的话，那简直就是里面装有水和肥皂的垃圾桶，像蹦极（有弹性的橡胶线）一样挂着。随着卡车在路上嘎嘎响，车辆晃动被说成是垃圾桶的搅动。实际证明其内部清洗衣服是非常有效的。不用说，这也是个很便宜的解决方案。

洗涤技术进化多年。大多数时候，脏衣服在含洗涤剂的水里清洗。洗涤功能的增强或多或少遵循一定顺序（好或不好，我不确定）。

振动系统→连续旋转系统→在旋转系统中加入间歇（根据一些循环）加热→干燥器加入：旋转和加热依次进行→无反馈的自动化→带传感器和反馈的自动化以及实际增强功能，如超声波、高压水射流、气穴泡、刷洗或冲击。

有害功能（HE）如下。

1）不可能在洗涤时清洗异质化部位，如内衣、毛巾、亚麻织物和主要衣物如衬衫、裤子等的肮脏部位。整个面料的寿命会由于单个脏污点的洗涤而不必要地缩短。

2）没有阳光晒干实现无菌清洁（洗衣机烘干机部分）。

图 6.21 ~ 图 6.24 和表 6.1 都是由创新设计技术实现裁剪的解释。

M1 → ml。

m2 → M2。

下文中若干标记含义如下。

洗涤物质 M1——水 + 洗涤剂 + 软化剂。

清洗物质 m1——水 + 污垢 + 残留。

脏衣服——m2。

干净衣物——M2。

我们选择五级创新。

洗涤的工作原理可能是革命性的。

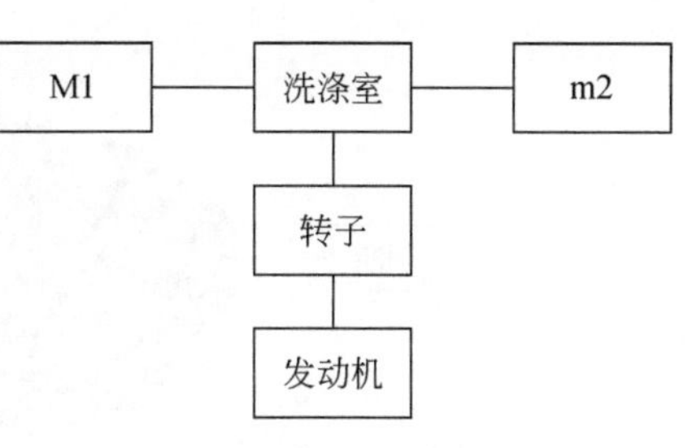

图 6.21 洗衣机中的链接和关系

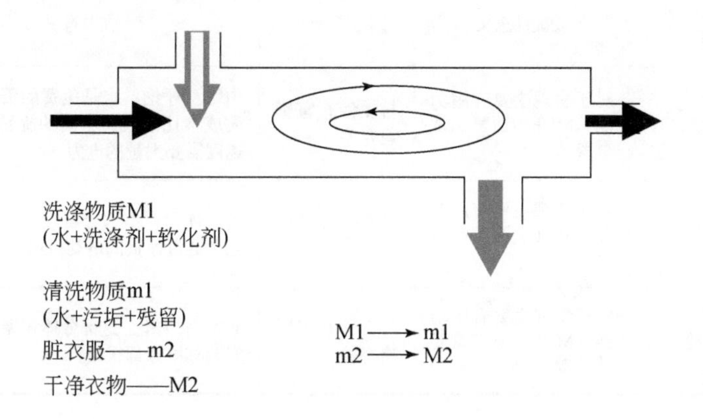

图 6.22 洗衣机的功能分析

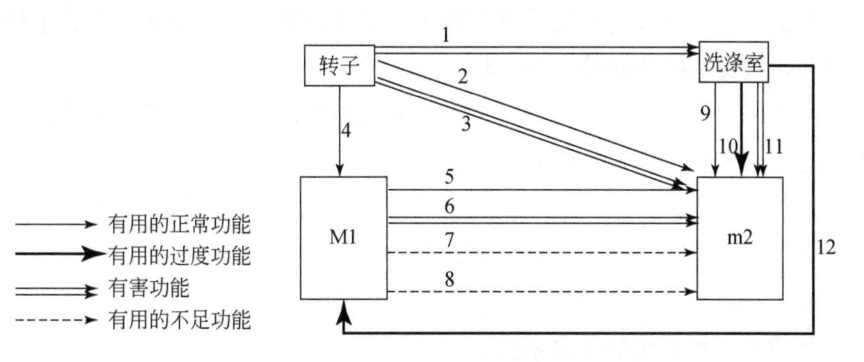

图 6.23 洗衣机内的动作

1，振动；2，旋转 / 波动；3，损坏摩擦；4，旋转 / 波动；5，悬挂衣服；6，化学 / 机械损伤；7，应力场；8，化学场；9，摩擦力；10，保持；11，损坏摩擦；12，保持。

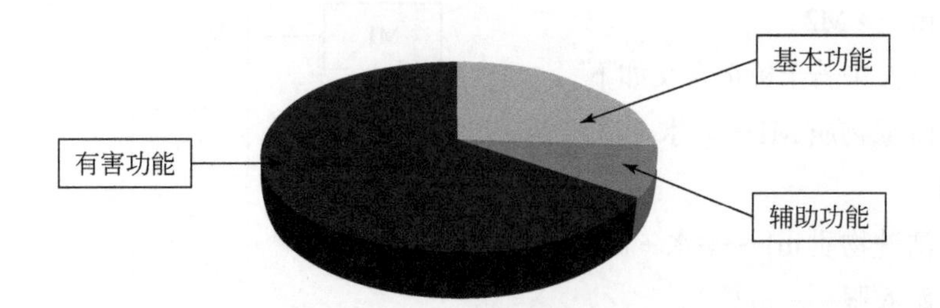

图 6.24　功能及其比例

总功能 = 22；基本功能 = 5；辅助功能 = 2；有害功能 = 15。

表 6.1　累积功能分析表

技术系统（TS）元素	功能性意义	问题严重性	成本意义
水 + 添加剂 M1	对于实现主要有用功能（MUF）而言非常重要	与 4 种有害影响有关	中等。评论：水是免费的资源，但介质成本比较大，不同的旋转 M1 和角速度需要大量的电力
转子	对于实现主要有用功能（MUF）而言并不重要	与 6 种有害影响有关	高。评论：本部分虽然体积较小，但是是通过昂贵的电动机运行的
洗涤舱	对于实现主要有用功能（MUF）而言重要性一般	与 5 种有害影响有关	非常高。评论：这部分体积庞大，制造、安装和维修都很昂贵

因此，TRIZ 原则可能应用于系统。

我们不试图改变超系统。它太难了，并且与服装、气候学、人类生物学和文化中使用的物质结合在一起。

超系统：大气条件（如热、污染）和人类生物学（如汗腺）的共同作用，使衣服变脏。需要定期清洁衣物。

系统：洗衣机、水、衣服、洗涤剂、漂白剂、柔顺剂和增白剂。

技术系统（TS）洗衣机的子系统如下。

进水系统。

处理水 + 污染物的排水系统。

具有定时控制功能的洗涤剂添加机制。

超声波发生器、加热器、刷子等附加设备。

用于循环设定的电子控制电路。

旋转 / 振动机制——对于第一种类型，需要改进。

用于旋转干燥的高转速旋转系统。

能加热的烘干机。

看来，可以将清洗室和转子去除或裁剪，以增加主要有用功能（MUF），改进洗衣机。

最终技术解决方案：具有局部强化清洗功能的半自动水帘洗衣机（图 6.25，图 6.26）。

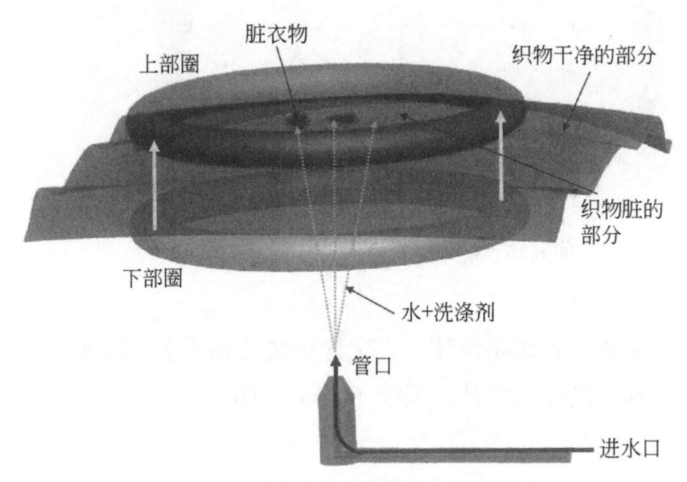

图 6.25 裁剪洗衣机的观念

双层机器的主要有用功能（MUF）：加强了对织物局部最脏或重度污染部位的清洁。此功能通过在洗衣机内增加“水帘”喷嘴进行转移。这些附加喷嘴在污点处喷出高浓度的洗涤液。这些污点是通过光学检测的——污点的颜色和光学性质是信号发送器。水喷嘴“作为”光学传感器。这些反馈决定半自动化或全自动化。最终结果是质量、维度和能量（MDE）消耗大幅度下降，主要有用功能（MUF）增加以及随之而来的高理想度。

在洗衣机发展中发生了什么样的卷积？主要是第三类。水 – 衣服混合子系统在转子转动时变得不平衡。该子系统还消除了洗衣机机体子系统的水帘喷射作用，使洗衣机的清洗区域与环境隔离，起到了物理机体的作用。

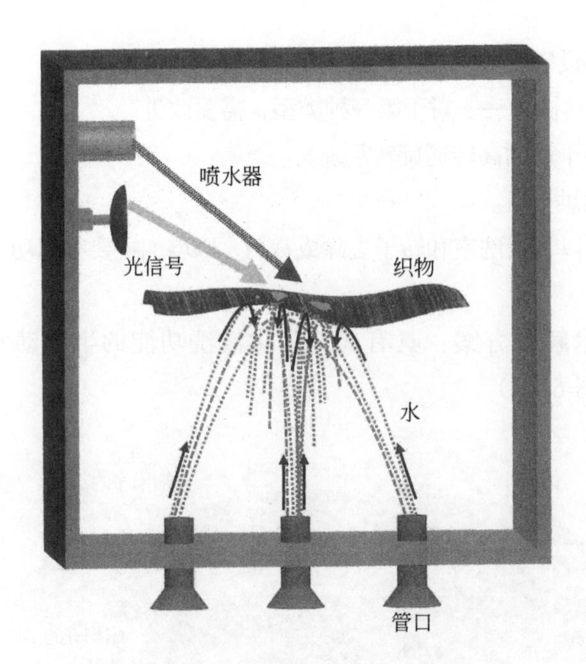

图 6.26　裁剪洗衣机的另一个观念

注意，物理基体是水，这里是液体，肯定比金属要轻得多。因此，水 - 衣服混合系统几乎和功能完整的技术系统（TS）一样。

|附录| 在课堂上教授卷积

开发一种无溢出茶壶的案例研究

如果从市场上和从古董店各购买一个茶壶给我们，我怀疑我们能否区分它们，除非查看印在底部的生产日期，或所有者提供细节。特别是，如果那个现代茶壶是一个有美感、时髦的茶壶。难道茶壶没有进化吗（附图 1）？

附图 1　当代茶壶和古董茶壶

在不了解茶壶多年设计历史的条件下，让我们尝试为其主要有用功能（MUF）增加一个新的功能。茶壶现有的主要有用功能（MUF）包括安全地给热饮料保温并顺序倒入杯子中。现代茶壶存在很多缺点；任何一个都可能增加主要有用功能（MUF）的期望值。我们在此仅确定茶壶的一个主要的点——倒水而无溢出。茶壶是满的时候，倒水是一种艺术，倒满几杯以后变成了科学。满到要溢出的茶壶难以移动，当第一个杯子装满时，请小心防止桌布弄脏。如果存在可以控制茶壶旋转速度的机制，那将是很好的。人手本身不能表达这种敏感的角速度和位移控制。这类似于微调旧电台。主要以调整指针的方式来靠近广播电台并获得声音，而微调是一种手段，允许针头以超慢的速度移动，并获得准确的频率。

茶壶内液体流动的物理学是很复杂的。在没有争议的情况下，我们认为如果茶水是满的，茶壶开始时慢慢转动比较妥当，当茶水只有一半时，加快转动会更好。

设计人员可能想到增加一个新的齿轮传动子系统——他们可以通过在手和茶壶之间安装一个齿轮箱来实现。这种齿轮箱是发动机（手）和茶壶（执行单元）之间的某种传动装置。但齿轮箱必须加以控制。它必须在开始时设置成低挡，就是 1 挡，稍后转移到 2 挡。所以一个子系统内还包含另一个子系统。

溢出是什么？卷积。茶壶通常是椭圆形。其形状本身可以是齿轮结构。恒速发动机和茶壶外表面，二维椭圆形齿咬合。开始时，椭圆半径较大，使茶壶慢慢旋转。随着椭圆旋转，其有效半径减小，最终达到最小半径。因为它的半径从最大到最小平稳变化，因此茶壶加速。茶壶角速度对时间的精确期望功能可以根据最大半径和最小半径的积与比例来确定。事实上，在数学和经验两方面可以对其他形状进行试验，直到机械设计在浇注过程中呈现所需的系统特性为止（附图 2）。

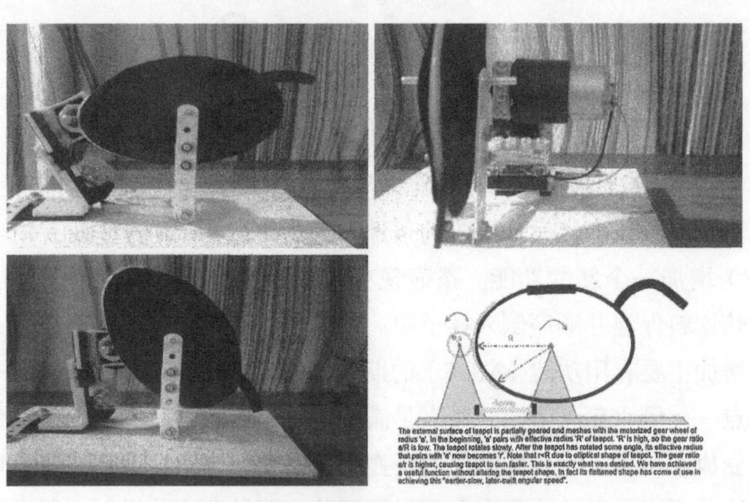

附图 2　旋转茶壶及原理示意